计算机课程设计与综合实践规划教材

数据结构课程设计

滕国文 编著

清华大学出版社
北京

内容简介

本书列举了数据结构课程设计实例，通过综合训练，能够培养学生实际分析问题、解决问题、编程和动手操作等多方面的能力，最终目的是帮助学生系统地掌握该门课程的基本内容，并运用所学的数据结构知识去解决实际问题。

全书共8章，内容包括数据库课程设计概述、线性表、栈、队列、串、多维数组和广义表、树状结构、图状结构等问题的应用。

本书是一本独立于具体的数据结构教材的课程设计辅导书，通过针对每种数据结构的具体实例，循序渐进地启发学生完成设计。书中给出的实例都是完整可运行的，同时给出了测试样例、总结与思考等，是一本很好的教学辅导参考书。

本书可作为高等院校计算机专业及相关专业教材或参考书，也可供从事软件开发工作和计算机编程爱好者参考。

本书封面贴有清华大学出版社防伪标签，无标签者不得销售。
版权所有，侵权必究。举报：010-62782989，beiqinquan@tup.tsinghua.edu.cn。

图书在版编目(CIP)数据

数据结构课程设计/滕国文编著．—北京：清华大学出版社，2010.9（2024.2重印）
（计算机课程设计与综合实践规划教材）
ISBN 978-7-302-23241-4

Ⅰ．①数… Ⅱ．①滕… Ⅲ．①数据结构－课程设计－高等学校－教材 Ⅳ．①TP311.12

中国版本图书馆CIP数据核字(2010)第144354号

责任编辑：袁勤勇　赵晓宁
责任校对：焦丽丽
责任印制：杨　艳

出版发行：清华大学出版社
网　　址：https://www.tup.com.cn，https://www.wqxuetang.com
地　　址：北京清华大学学研大厦A座　　**邮　　编**：100084
社 总 机：010-83470000　　**邮　　购**：010-62786544
投稿与读者服务：010-62776969，c-service@tup.tsinghua.edu.cn
质 量 反 馈：010-62772015，zhiliang@tup.tsinghua.edu.cn
印 装 者：北京同文印刷有限责任公司
经　　销：全国新华书店
开　　本：185mm×260mm　　**印　　张**：14.75　　**字　　数**：335千字
版　　次：2010年9月第1版　　**印　　次**：2024年2月第15次印刷
定　　价：46.00元

产品编号：034291-05

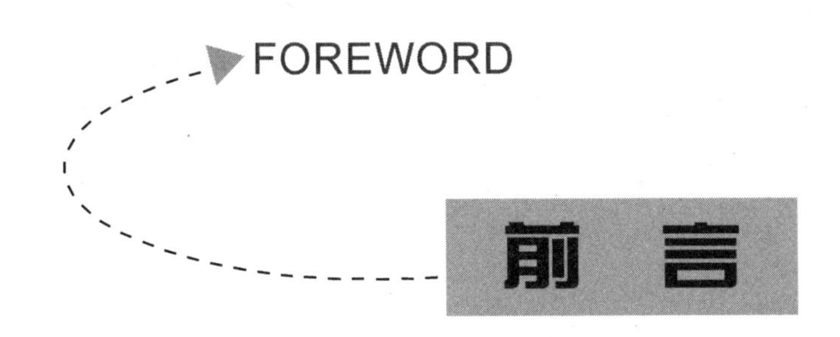

“数据结构”课程的教学目标是要求学生学会分析数据对象特征，掌握数据组织方法和计算机的表示方法，以便为应用所涉及的数据选择适当的逻辑结构、存储结构以及相应算法，初步掌握算法时间空间分析的技巧，培养良好的程序设计技能。

数据结构的学习过程是进行复杂程序设计的训练过程。技能培养的重要程度不亚于知识传授，学生不仅要理解授课内容，还应培养应用知识解答复杂问题的能力，形成良好的算法设计思想、方法技巧与风格，进行构造性思维，强化程序抽象能力和数据抽象能力。因此，学习数据结构，仅从书本上学习是不够的，必须经过大量的实践，在实践中体会构造性思维的方法，掌握数据组织与程序设计的技术。

在该课程的学习过程中，初学者会感到困惑，其主要原因：一是数据结构内容抽象；二是动态存储结构难以理解；三是使用多种技术，如递归技术等掌握较为困难；四是算法描述、设计无从下手等。

为了使学生更好地学习本课程，理解和掌握算法设计所需的技术，为整个专业的学习打好基础，本人根据学生的学习特点及自己二十多年的教学经验和总结，编写了本书，希望能给学生带来一些启发。

编写本书的出发点不是要给学生几个课程设计实例，而是希望通过一些典型的课程设计实例训练，使学生掌握如何利用数据结构知识去解决实际问题。

全书共分为8章。第1章是关于数据结构课程设计的概述；第2～8章按照一般教学顺序，分别给出线性表、栈、队列、串、多维数组和广义表、树状结构和图状结构的课程设计实例。

本书是在作者的“数据结构”讲义和指导学生的“课程设计大作业”基础上编写而成的。第2～8章的课程设计分别由宫耀勤、李闯、张伟、丛飚、逯洋、李淑梅和英昌盛完成修改或设计，2007级学生王旭峰、杨名、张洋铭、袁洋、杨静、王珊珊和张群等参加了部分代码编写和程序调试，夏凤琴、刘艳玲、姚建盛、李颖、张桂杰、梁微、代胜男、罗琳、郝万萍和王金平等人进行了文稿的校对，最后由英昌盛对源程序统一整理，作者谨此一并致以诚挚的谢意。全书由滕国文教授统稿、审阅和整理后定稿。

在本书的编写过程中，作者参阅并借鉴了国内外诸多同行的文章和著作，这里不再一一列举、标明，在此向他们致以谢意。

由于作者知识水平有限，时间仓促，本书难免有不足之处，恳请专家和读者批评指正。

滕国文
2010 年 4 月

CONTENTS

目录

CHAPTER 1

第1章　数据结构课程设计概述

1.1　数据结构简介

1. 数据结构课程的重要地位

数据结构是计算机理论与技术的重要基石，是计算机科学的核心课程之一。用计算机求解任何问题都离不开程序设计，而程序设计的实质是数据表示和数据处理。著名的瑞士计算机科学家沃思(N. Wirth)教授曾指出：算法＋数据结构＝程序。这里的数据结构是指数据的逻辑结构和存储结构，而算法则是对数据运算的描述。由此可见，程序设计的实质是对实际问题选择一种好的数据结构，再设计一个好的算法，而好的算法在很大程度上取决于描述实际问题的数据结构。数据结构不仅是一般程序设计的基础，而且是设计和实现操作系统、数据库及其他系统程序和大型应用程序的重要基础。

1968 年，著名的美国算法大师克努特(D. E. Knuth)教授开创了"数据结构"的最初体系，他所著的《计算机程序设计艺术》第一卷《基本算法》是第一本较系统地阐述数据的逻辑结构和物理结构及其操作的著作。20 世纪 70 年代初，"数据结构"作为一门独立的课程开始进入大学课堂。

数据结构是计算机科学与技术各专业的核心课程，它既是理论性较强的基础课，又是实践性很强的专业技术课，在计算机科学领域的主干课程中具有承上启下的作用。它的先行课程有计算机基础、程序设计语言、离散数学和数学等；后继课程有操作系统、数据库原理、编译原理和软件开发技术等。

"数据结构"的发展趋势包括两个方面：一方面是面向专门领域中特殊问题的数据结构的研究和发展，如图形数据结构、知识数据结构和空间数据结构；另一方面从抽象数据类型的角度出发，用面向对象的观点来讨论数据结构，已成为新的发展趋势。

2. 数据结构课程的教学目标

数据结构课程的教学目标是要求学生学会分析数据对象特征，掌握数据在计算机中的组织方法和表示方法，以便为应用所涉及的数据选择适当的逻辑结构、存储结构及相应算法，初步掌握算法分析的技巧，培养良好的程序设计技能。

人类解决问题的思维方式可分为两大类：一类是推理方式，凭借公理系统思维方法，从抽象公理体系出发，通过演绎、归纳、推理来求证结果，解决特定问题；另一类是算法方式，凭借算法构造思维方式，从具体操作规范入手，通过操作过程的构造和实施解决特定问题。在开发一个优秀软件系统的全过程中，所凭借的思维方式本质上不同于常规数学训练的公理系统思维方式，而是一种算法构造性思维方式。系统开发是创造性思维过程的实现，因而对于一个开发人员，只知道开发工具的语言规则和简单使用过程是不够的，还需要有科学方法指导开发过程，以及在编程技术和应用技能上的不断积累和提高。让学生理解、熟悉、习惯这一套算法构造思维方式，是计算机软件课程教学的重要内容和主要难点。

学习数据结构对于培养人的抽象思维能力、数据建模能力、算法创新能力、程序设计能力、语言描述能力和综合应用能力等具有特定的作用。在信息社会高速发展的时代，信息素质是一个人适应信息社会生存和发展的最基本、最重要的素质之一。

3. 数据结构课程的学习特点

数据结构的学习特点主要表现在以下三个方面：

（1）内容的广泛性。数据结构研究的问题非常广泛，内容极为丰富。1974 年，获图灵奖的克努特教授编写了一套巨著《计算机程序设计艺术》，目前已发行 4 卷，每卷 500～600 页，可见，数据结构研究的内容之多令人惊叹。

（2）学科的交叉性。数据结构研究的内容包括计算机硬件范围的存储装置和存取方法；软件范围的文件系统、数据的动态管理、信息检索；数学范围的集合、逻辑学等方面的知识。此外，还有一些综合性知识，如数据类型、数据表示、数据运算、数据存取和程序设计方法等。因此，数据结构是由数学、计算机硬件和软件知识交叉形成的一门综合性学科。

（3）知识的抽象性。由学科的交叉性可知，数据结构涉及诸多知识领域，这些知识本身就具有一定的抽象性，难度更大的是利用计算机解决实际问题时，必须将实际问题抽象成计算机能够接受并处理的数据模型才能实现，而数学建模不仅需要具备不同领域和学科的专业知识，更需要敏锐的洞察力、高度的抽象思维能力、独特的创新能力以及精湛的表达实现能力等。

数据结构的学习过程是进行复杂程序设计的训练过程。技能培养的重要程度不亚于知识传授，学生不仅要理解授课内容，还应培养应用知识解答复杂问题的能力，形成良好的算法设计思想、方法技巧与风格，进行构造性思维，强化程序抽象能力和数据抽象能力。因此，学习数据结构，仅从书本上学习是不够的，必须经过大量的实践，在实践中体会构造性思维方法，掌握数据组织与程序设计的技术。

在学习中注重广泛阅读，加深理解，把书本越读越厚；再通过归纳总结，提纲挈领，把书本越读越薄。

1.2　课程设计目标和特点

1. 课程设计目标

在数据结构课程的学习过程中，初学者会感到困惑，其主要原因：一是数据结构内容抽象；二是动态存储结构难以理解；三是使用多种技术，如递归技术等掌握较为困难；四是算法描述、设计无从下手等。

为了使学生更好地学习本课程，理解和掌握算法设计所需的技术，为整个专业的学习打好基础，作者根据学生的学习特点及自己二十多年的教学经验和总结，编写了本书。该书针对每种数据结构都给出了由简单到复杂的课程设计实例，目的是通过课程设计的综合训练，培养学生实际分析问题、解决问题、编写程序和动手操作的能力，最终通过课程设计的形式，帮助学生系统掌握本课程的主要内容，具有较强的程序设计能力。

编写本书的出发点不是要给学生几个具体的课程设计实例，而是希望通过一些典型的课程设计实例训练，给学生一些示范和启发，调动学生学习的积极性，扩展其思维和想象力，最终使学生掌握利用数据结构知识去解决实际问题的能力。

2. 课程设计特点

课程设计是学习数据结构与算法的一个重要环节，学生通过课程设计的综合训练，在学习理论知识的同时进一步提高解决实际问题的能力，强化综合应用能力，扩充知识，开阔视野，同时熟练掌握利用计算机解决问题的一般步骤。

本书课程设计的主要特点如下：

(1) 这是一本独立于具体的数据结构教材的课程设计辅导书，是用于指导学生完成“数据结构课程设计”大作业的理想教材。

(2) 通过针对每种数据结构的具体实例，循序渐进地启发学生完成设计。每个课程设计实例都从提出问题、设计要求，到选择使用的数据结构、问题的分析与实现，最后给出完整可运行的源程序，同时给出了测试样例。

(3) 每个课程设计实例的总结与思考是该课程设计的拓展部分。学生可以在具体实例的基础上，根据指导自己去开发设计，举一反三，真正培养学生的实践能力。

(4) 对于较大的课程设计实例，可以将其划分为几个子项目，多个学生分工合作共同完成，以培养学生的团队合作精神。

1.3 编写说明

1. 各章的基本结构

第 1 章是关于数据结构课程设计的概述。从第 2～8 章分别对各种数据结构进行课程设计，其基本结构分为两部分：

第一部分：给出每种数据结构的存储结构及 C 语言描述，并存放于 *.h 文件中；并在相应的存储结构基础上，给出常用基本运算的算法，并存放于 *.c 文件中。

第二部分：对应每种数据结构给出具有代表性的综合应用的课程设计实例 3～5 个，统一按照 1.4 节所讲的格式书写。每个课程设计实例源文件的命名规则为 zj*.c，其中数字 z 代表第几章，数字 j 代表第几节，* 代表实例的名称。例如，24differ.c 表示第 2 章第 4 节课程设计实例源文件，其名称是 differ，代表多项式求导。所有课程设计实例源文件都可在清华大学出版社网站上下载。

2. 课程设计实例的程序编排模板

本书给出的课程设计实例程序均在 Turbo C2.0、WIN-TC1.9、C Free4.1 和 Visual C++ 6.0等软件开发环境下调试运行通过。

本书中算法描述采用的是标准的 Turbo C 函数，当需要在计算机上完整地实现算法时，必须设计构造一个完整的可以执行的源程序，为此给出 C 语言实现课程设计的程序编排模板。

模板的基本结构如下：

(1) 包含必要的标准头文件和通用的常量定义。如标准输入输出头文件 stdio.h 等；OK、ERROR 等通用的常量定义，本书将之统一定义在 consts.h 头文件中，读者使用时只需包含该文件。

consts.h 头文件的内容如下：

```
#include<string.h>
#include<malloc.h>                    /*malloc()等*/
#include<limits.h>                    /*INT_MAX 等*/
#include<stdio.h>                     /*EOF(=^Z 或 F6),NULL*/
#include<stdlib.h>                    /*atoi()*/
#include<io.h>                        /*eof()*/
#include<math.h>                      /*floor(),ceil(),abs()*/
#include<process.h>                   /*exit()*/
/*函数结果状态代码*/
#define TRUE 1
#define FALSE 0
#define OK 1
#define ERROR -1
#define INFEASIBLE -1
```

(2) 将某一数据结构所对应的存储结构的描述存放在一个头文件 *.h 中，将某一数据结构所对应的基本操作算法存放在一个 C 文件 *.c 中。例如，将单链表存储结构的 C 语言描述存放在 linklist.h 中，将单链表的基本操作算法存放在 linklist.c 中，需要时通过文件包含 #include "linklist.h" 和 #include "linklist.c"，可以实现对其中数据类型的引用及有关操作函数的调用。

(3) 编写基于某种数据结构的具体问题的算法。

(4) 编写主函数，其中进行合理的函数调用，形成一个可执行程序。

1.4 课程设计实例的标准格式

本书所给出的每个课程设计实例都包括以下 6 个部分：

(1) 问题描述。给出课程设计的具体内容，要求表述简单、准确。

(2) 设计要求。指出该课程设计所要达到的基本要求和所需满足的约束条件。实现时，在完成基本要求的情况下可以适当扩展课程设计的功能。

(3) 数据结构。该课程设计需要使用的数据结构有哪些（指出使用的数据结构和存储结构）。

(4) 分析与实现。分析该课程设计的实现方法，数据结构的使用和算法的设计。给出算法实现的详细代码，要求有必要的注释，提高程序的可读性。

(5) 运行与测试。给出有代表性的测试用例，并加以简单的文字说明，注意程序运行要覆盖算法的各种情况。

(6) 总结与思考。主要指出算法的特点，在实现该课程设计基本要求的前提下，还可以进行哪些方面的功能扩展，特别是重点说明独创的部分，相关课程设计项目最有价值的内容，在哪些方面需要进一步了解或得到帮助，以及编程实现课程设计的感悟等内容。

CHAPTER 2

第2章 线性表的应用

2.1 存储结构与基本运算的算法

1. 顺序表

采用顺序存储结构的线性表简称为顺序表。

(1) 顺序表的C语言描述。

顺序表可借助于高级程序设计语言中的一维数组来表示，一维数组的下标与数据元素在线性表中的序号相对应，但不是直接的一一对应关系，因为C语言中数组的下标是从0开始。

顺序表的C语言描述如下(存放于seqlist.h文件中)：

```
#include "consts.h"
#define MAXNUM 100                    /* 表示线性表可能达到的最大长度 */
typedef int DataType;                 /* 数据元素类型定义 */
typedef struct
{
    DataType data[MAXNUM];            /* 存放线性表的数据元素 */
    int last;                         /* 用来存放线性表最后一个数据元素在数组中的下标 */
}SeqList;
```

(2) 基本运算的算法如下(存放于seqlist.c文件中)：

① 置空表。

```
void SeqLSetNull(SeqList * l)
{
    l->last=-1;
}
```

② 求表的长度。

```
int SeqLLength(SeqList * l)
{
    return l->last+1;
}
```

③ 取结点。

```
DataType SeqLGet(SeqList * l,int i)
{
    if(i<1||i>l->last+1 )
    {
        printf("\t i的位置不正确\n");
        return ERROR;
    }
    return l->data[i-1];
}
```

④ 定位运算。

```
int SeqLLocate(SeqList * l,DataType x)
{
    int i;
    for(i=0;i<=l->last;i++)
        if(l->data[i]==x) return(i+1);
    return 0;
}
```

⑤ 插入运算。

```
int SeqLInsert(SeqList * l,int i,DataType x)
{
    int j;
    if(l->last>=MAXNUM-1)
    {
        printf("\t溢出\n");
        return ERROR;
    }
    if(i<1||i>l->last+2)
    {
        printf("\t插入位置不正确 \n");
        return ERROR;
    }
    else
    {
        for(j=l->last;j>=i-1;j--)
            l->data[j+1]=l->data[j];
            l->data[i-1]=x;
            l->last++;
    }
    return OK;
}
```

⑥ 删除运算。

```
int SeqLDelete(SeqList * l,int i)
{
    int j;
    if(i<1||i>l->last+1)
    {
        printf("\t 删除位置不正确 \n");
        return ERROR;
    }
    else
    {
        for(j=i;j<=l->last;j++)
            l->data[j-1]=l->data[j];
            l->last--;
    }
    return OK;
}
```

⑦ 建立顺序表。

```
void SeqLCreate(SeqList * l)
{
    int i,n;
    printf("\t 请输入表的长度:");
    scanf("%d",&n);
    l->last=n-1;
    printf("\t 依次输入表中的数据元素(整数):\n");
    for(i=0;i<n;i++)
    {
        printf("\t 第%d 个元素是:",i+1);
        scanf("%d",&l->data[i]);
    }
}
```

⑧ 输出顺序表。

```
void SeqLPrint(SeqList * l)
{
    int j;
    if(l->last<0)
    {
        printf("\t 表空!\n");
        exit(0);
    }
    else
```

```
    {
        printf("\n 表的数据元素如下:\n( ");
        for(j=0;j<=l->last;j++)
        printf("%5d,",l->data[j]);
        printf("\b )\n");
    }
}
```

⑨ 顺序表运算的综合实例。

存放于 21mainseqlist.c 文件中。

```
#include "seqlist.h"
#include "seqlist.c"
int main(int argc,char * argv[])
{
    DataType y;
    SeqList * a,x;
    int m,t,read=0 ;
    a=&x;
    do
    {
        puts("              关于顺序表的操作\n");
        puts("              ========================\n");
        puts("              1 ------置空表");
        puts("              2 ------建表");
        puts("              3 ------求表长");
        puts("              4 ------取结点");
        puts("              5 ------定位");
        puts("              6 ------插入");
        puts("              7 ------删除");
        puts("              8 ------输出");
        puts("              0 ------退出");
        printf("            请选择代号(0—8):");
        scanf("%d",&read);
        printf("\n");
        switch(read)
        {
            case 1: SeqLSetNull(a);break;
            case 2: SeqLCreate(a);break;
            case 3: printf("\t 表的长度是: %d\n",SeqLLength(a));break;
            case 4: printf("\t 取结点的位置是: ");
                scanf("%d",&m);
                y=SeqLGet(a,m);
                if(y)
```

```
                printf("\t第%d个结点是%d\n",m ,y);break;
        case 5: printf("\t定位的数据元素是: ");
                scanf("%d",&y);
                t=SeqLLocate(a,y);
                if(t)
                    printf("\t定位数据元素的位置是: %d\n",t);break;
        case 6: printf("\t插入数据元素是: ");
                scanf("%d",&y);
                printf("\t插入位置是: ");
                scanf("%d",&m);
                t=SeqLInsert(a,m,y);
                if(t)
                    printf("\t插入后表的数据元素是:\n");
                    SeqLPrint(a);break;
        case 7: printf("\t删除位置是: ");
                scanf("%d",&m);
                t=SeqLDelete(a,m);
                if(t)
                    printf("\t删除后表的数据元素是:\n");
                SeqLPrint(a);break;
        case 8: SeqLPrint(a);break;
        case 0: read=0 ;
      }
    }while(read!=0 );
    return 0;
}
```

2. 链表

采用链式存储结构的线性表简称链表。从链接方式的角度看,链表可分为单链表、单循环链表、双链表和双循环链表;从实现角度看,链表可分为动态链表和静态链表。下面以动态单链表(简称单链表)为例介绍。

(1) 单链表的C语言描述。

单链表的结点包括两个域。数据域(data):用来存放结点的值,即存储数据元素;指针域(next):用来存储该数据元素直接后继的地址(或位置)。

用C语言定义单链表如下(存放于linklist.h文件中):

```
typedef struct node                    /*结点类型定义*/
{
    DataType data;
    struct node * next;
}LinkedList;
```

(2) 基本运算的算法如下(存放于 linklist.c 文件中):

① 置空表。

```
void InitLList(LinkedList * L)        /* 对单链表进行初始化 */
{
    L->next=NULL;                     /* 置为空表 */
}
```

② 求表的长度。

```
int GetLListLength(LinkedList * L)
{
    LinkedList * p;
    int j;
    p=L->next;
    j=0;
    while(p!=NULL)
    {
        p=p->next;
        j++;
    }
    return j;
}
```

③ 取结点。

```
LinkedList * GetLListElem(LinkedList * L, int i)
                         /* 在带头结点的单链表 L 中查找第 i 个结点 */
{                        /* 若找到(1≤i≤n),则返回该结点的存储位置;否则返回 NULL */
    int j;
    LinkedList * p;
    p=L;
    j=0;                                    /* 从头结点开始扫描 */
    while ((p->next!=NULL)&&(j<i))
    {
        p=p->next;                          /* 扫描下一结点 */
        j++;                                /* 已扫描结点计数器 */
    }
    if(i==j)
        return p;                           /* 找到并返回第 i 个结点 */
    else
        return NULL;                        /* 找不到,i≤0 或 i>n */
}
```

④ 定位运算。

```
LinkedList * LocateLListElem( LinkedList * L,DataType key)   /* 在带头结点的单链表
```

```
         L中查找其结点值等于 key 的结点,若找到则返回该结点的位置 p,否则返回 NULL */
{
    LinkedList * p;
    p=L->next;                          /* 从表中第一个结点开始 */
    while (p!=NULL)
    {
        if (p->data!=key)
            p=p->next;
        else
            break;                      /* 找到值等于 key 的结点时退出循环 */
    }
    return p;
}
```

⑤ 插入运算。

```
int InsertLList(LinkedList * L,int i,DataType x)
{                      /* 在带头结点的单链表 L 中第 i 个位置插入值为 x 的新结点 s */
    LinkedList * pre, * s;
    int k;
    pre=L;
    k=0;                              /* 从"头"开始,查找第 i-1 个结点 */
    while(pre!=NULL&&k<i-1)           /* 表未查完且未查到第 i-1 个结点时重复 */
    {
        pre=pre->next;
        k=k+1;
    }                                 /* 查找第 i-1 个结点 */
    if(!pre)                          /* 如当前位置 pre 为空,说明插入位置不合理 */
    {
        printf("插入位置不合理!");
        return ERROR;
    }
    s=(LinkedList * )malloc(sizeof(LinkedList));    /* 申请一个新的结点 s */
    s->data=x;                                      /* 值 x 置入 s 的数据域 */
    s->next=pre->next;                              /* 修改指针,完成插入操作 */
    pre->next=s;
    return OK;
}
```

⑥ 删除运算。

```
int DeleteLList(LinkedList * L,int i,DataType * e)
{          /* 在带头结点的单链表 L 中删除第 i 个元素,并将删除的元素保存到变量 * e 中 */
    LinkedList * pre, * r;
    int k;
    pre=L;
    k=0;
```

```
    while(pre->next!=NULL && k<i-1)  /* 寻找被删除结点 i 的前驱结点 i-1 使 p 指向它 */
    {
        pre=pre->next;
        k=k+1;
    }                                /* 查找第 i-1 个结点 */
    if(!(pre->next))                 /* 即 while 循环是因为 k<i-1 不满足而结束循环的 */
    {
        printf("删除结点的位置 i 不合理!");
        return ERROR;
    }
    r=pre->next;
    pre->next=pre->next->next;            /* 修改指针,删除结点 r */
    *e=r->data;
    free(r);                              /* 释放被删除的结点所占的内存空间 */
    printf("成功删除结点!");
    return OK;
}
```

⑦ 建立不带头结点的单链表(头插法建表)。

```
LinkedList *CreateLList()
{
    char ch;
    LinkedList *head, *s;
    head=NULL;
    ch=getchar();
    while(ch!='$')     /* 循环输入表中元素值,将建立的新结点 s 插入表头,输入'$'结束 */
    {
        s=(LinkedList*)malloc(sizeof(LinkedList));
        s->data=ch;
        s->next=head;
        head=s;
        ch=getchar();
    }
    return head;
}
```

⑧ 建立带头结点的单链表(尾插法建表)。

```
LinkedList *CreateLListR()
{
    char ch;
    LinkedList *head, *s, *r;
    head=(LinkedList*)malloc(sizeof(LinkedList));
    r=head;
    ch=getchar();
```

```
    while(ch!='$')      /*循环输入表中元素值,将建立的新结点s插入表尾,输入'$'结束*/
    {
        s=(LinkedList*)malloc(sizeof(LinkedList));
        s->data=ch;
        r->next=s;
        r=s;
     ch=getchar();
    }
    r->next=NULL;      /*将最后一个结点的next链域置为空,表示链表的结束*/
    return head;
}
```

⑨ 输出带头结点的单链表。

```
PrintLList(LinkedList *q)
{
    LinkedList *p;
    p=q->next;
    printf("字符单链表结果是: \n(");
    while(p!=NULL)
    {
        printf("%5c,",p->data);
        p=p->next;
    }
    printf("\b)\n");
}
```

⑩ 链表运算的实例。
存放于21mainlinklist.c文件中。

```
#include "consts.h"
typedef char DataType;                    /*数据元素类型定义*/
#include "linklist.h"
#include "linklist.c"
int main()
{
    LinkedList *a,*p;
    int length,node,i,j;
    char value,q;
    printf("\t输入字符串, 如: abcdef$以$结束后按回车键\n");
    a=CreateLListR();
    PrintLList(a);
    length=GetLListLength(a);
    printf("该表的长度为:%d\n",length);
    printf("请输入取第几个结点:\n");
    scanf("%d",&node);
```

```
    p=GetLListElem(a,node);
    if(p==NULL)
        printf("表中没有该结点!\n");
    else
        printf("该结点的数据域为:%c\n",p->data);
    printf("请输入要插入的位置和值:\n");
    scanf("%d",&i);
    getchar();
    scanf("%c",&value);
    InsertLList(a,i,value);
    PrintLList(a);
    printf("请输入要删除的位置 \n");
    scanf("%d",&j);
    DeleteLList(a,j,&q);
    PrintLList(a);
    return 0;
}
```

2.2 集合的交、并运算

1. 问题描述

设计一个能够实现求两个集合的交集和并集运算的程序。

2. 设计要求

集合的元素限定为小写字母字符'a'～'z'或数字字符'0'～'9',集合中不允许出现重复元素。集合输入的形式以'$'为结束标志,输出的结果不含重复字符或非法字符。程序以人机交互方式执行。

3. 数据结构

本课程设计使用单链表作为实现该问题的数据结构。

4. 分析与实现

设两个单链表 A 和 B 分别表示两个集合。程序执行需要包括:构造集合 A、B;输出集合;求并集;求交集。

(1) 包含必要的头文件。

```
#include"consts.h"
typedef char DataType;
#include "linklist.h"
#include "linklist.c"
```

(2) 求并集的函数模块。

设标志位 flag 初始值为 0。先用循环语句将集合 A 中的元素复制到并集集合,即链表 C 中。再依次判定集合 B 中的元素是否在集合 A 中,若存在,置 flag=1。当 flag=0 时,则说明当前 B 中元素不与 A 中任何元素相等,将 B 中此元素用尾插法插入到并集集合 C 中。集合 B 中当前元素判断完成后,置标志位 flag 回到初始值 0,为 B 中下一个元素判断是否与 A 中元素相同做准备。

```
void UnionLinkCollection(LinkedList * a,LinkedList * b,LinkedList * c)
{
    LinkedList * p, * q, * r, * s;
    int flag=0;
    r=c;
    for(p=a->next;p!=NULL;p=p->next)      /* 先把集合 A 中所有的元素赋给集合 C */
    {
        s=(LinkedList *)malloc(sizeof(LinkedList));
        s->data=p->data;
        r->next=s;
        r=s;
        s->next=NULL;
    }
    for(p=b->next;p!=NULL;p=p->next)
    {
        for(q=a->next;q!=NULL;q=q->next)
        {
            if(p->data==q->data)
            {
                flag=1;
                break;
            }
        }
        if(flag==0)
        {
            s=(LinkedList *)malloc(sizeof(LinkedList));
            s->data=p->data;
            r->next=s;
            r=s;
            s->next=NULL;
        }
        flag=0;
    }
}
```

(3) 求交集的函数模块。

与求并集相类似,利用双重循环,使集合 A 中一个元素与集合 B 中所有元素比较,若存在相等的元素，用尾插法将该元素插入到交集集合的链表 C 中，对集合 A 中所有元素依次重复上述操作，即得到集合 A 和集合 B 的交集 C。

```
int InterLinkCollection(LinkedList * a,LinkedList * b,LinkedList * c)
{
    int reg=0;
    LinkedList * p, * q, * r=c, * s;
    for(p=a->next;p!=NULL;p=p->next)
    {
        for(q=b->next;q!=NULL;q=q->next)
        {
            if(p->data==q->data)
            {
                s=(LinkedList * )malloc(sizeof(LinkedList));
                s->data=p->data;
                r->next=s;
                r=s;
                s->next=NULL;
                reg=1;
            }
        }
    }
    return reg;
}
```

(4) 主函数模块。

首先创建链表 a 和 b，表示两个集合 A 和 B，调用创建链表函数 CreateLListR()。再调用链表输出函数 PrintLList()，输出集合 A 和 B。接着调用求交集和求并集的函数 InterLinkCollection()和 UnionLinkCollection()，进行求交、并集运算。最后输出结果。其中，若 A、B 交集为空，给出提示信息“集合 A 与集合 B 的交集为空集!”。

```
int main(int argc,char * argv[])
{
    LinkedList  * a, * b, * jiao, * bing;
    printf("请输入表 A 的元素: 以$结束!\n");
    a=CreateLListR();
    getchar();
    printf("请输入表 B 的元素: 以$结束!\n");
    b=CreateLListR();
    printf("集合 A 中的元素为:\n");
    PrintLList(a);
    printf("集合 B 中的元素为:\n");
    PrintLList(b);
    jiao=(LinkedList * )malloc(sizeof(LinkedList));
    bing=(LinkedList * )malloc(sizeof(LinkedList));
    printf("集合 A 和集合 B 的交集为: \n");
```

```
    InterLinkCollection(a,b,jiao);
    PrintLList(jiao);
    printf("集合 A 和集合 B 的并集为：\n");
    UnionLinkCollection(a,b,bing);
    PrintLList(bing);
    return 0;
}
```

注意：本课程设计的详细代码存放于光盘 22setoprate.c 文件中。

5. 运行与测试

设 A='abcde',B='defgh',运行结果如下：

```
请输入表A的元素：以$结束！
abcde$
集合A中的元素为：
(a,b,c,d,e)
请输入表B的元素：以$结束！
defgh$
集合B中的元素为：
(d,e,f,g,h)
集合A和集合B的交集为：
(d,e)
集合A和集合B的并集为：
(a,b,c,d,e,f,g,h)
```

设 A='abc',B='def',运行结果如下：

```
请输入表A的元素：以$结束！
abc$
集合A中的元素为：
(a,b,c)
请输入表B的元素：以$结束！
def$
集合B中的元素为：
(d,e,f)
集合A和集合B的交集为：
空集！
集合A和集合B的并集为：
(a,b,c,d,e,f)
```

6. 总结与思考

本程序是用单链表表示集合，读者可尝试利用顺序表、单循环链表等来表示集合。另外，本题将运行结果存放在另外开辟的两个链表，即交集链表和并集链表中，读者可以尝试不开辟新的空间，仅用原链表 A 和 B 来完成求交集或求并集的运算，熟练掌握链表的使用。

2.3 学生成绩管理

1. 问题描述

要求以学生成绩管理业务为背景，设计一个“学生成绩管理系统”程序。对于学校来讲，学生成绩管理系统是不可缺少的组成部分，主要是对学生资料的录入、浏览、插入和删除等基本功能的实现。

2. 设计要求

编制一个学生成绩管理程序。设学生成绩以一个学生一条记录的形式存储，每个学生记录包含的信息有学号和各门功课的成绩。设每位学生学习数学、英语、语文、物理和化学5门课程。

3. 数据结构

本课程设计使用单链表作为实现该问题的数据结构。

4. 分析与实现

程序设计一般由算法和数据结构两部分组成。管理学生的成绩适合用单链表，方便随时插入和删除学生记录，实现动态管理。一个学生作为一个结点，该结点类型为结构体，结构体中的域表示学生的属性。每个结点除了存放属性外，还存放指向后继结点的指针。

定义单链表结点的结构体如下，包括学号、数学成绩、英语成绩、语文成绩、物理成绩和化学成绩。

```
#include "consts.h"
typedef struct node
{
    char num[110];
    int shuxue;
    int yingyu;
    int yuwen;
    int wuli;
    int huaxue;
    struct node * next;
}LinkList;
```

(1) 单链表的建立模块。

按提示输入学生学号num。在while循环中，如果学生的学号不为0的话，创建新结点s并依次输入学生的各科成绩，该学生各科成绩输入完毕，以尾插法建表，然后输入下一个学生的学号。重复上述过程，直至输入学号为0时结束输入，单链表创建完毕。累加n表示学生总人数。

```
void CreatLinkList(LinkList * head,int * n)                /* 建立链表 */
{
    char num[110];
    int scor,scor1,scor2,scor3,scor4;
    int i=1;
    LinkList * p=head;
```

```
    LinkList * s;
    printf("请输入学生的学号,输入 0 结束输入:\n");
    scanf("%s",&num);
    while(1)
    {
        if(strcmp(num,"0")==0)
            break;
        s=(LinkList * )malloc(sizeof(LinkList));
        strcpy(s->num,num);
        printf("请输入数学的成绩:\n");
        scanf("%d",&scor);
        s->shuxue=scor;
        printf("请输入英语的成绩:\n");
        scanf("%d",&scor1);
        s->yingyu=scor1;
        printf("请输入语文的成绩:\n");
        scanf("%d",&scor2);
        s->yuwen=scor2;
        printf("请输入物理的成绩:\n");
        scanf("%d",&scor3);
        s->wuli=scor3;
        printf("请输入化学的成绩:\n");
        scanf("%d",&scor4);
        s->huaxue=scor4;
        p->next=s;
        p=s;
        s->next=NULL;
        * n= * n+1;
        printf("请输入学生的学号,输入 0 结束输入:\n");
        scanf("%s",&num);
    }
}
```

(2) 单链表的结点插入模块。

首先录入要插入的学生各门功课的成绩,暂存在 int 变量中,然后判断要插入的学号在学生表中是否出现过,若出现过就在原学号上插入该学生的各科成绩,否则就创建一个结点,存入该学生信息,插入到单链表的末尾。学生总人数 n+1。

```
void InsertStu(LinkList * head,char num[],int * n)                /* 插入学生 * /
{
    LinkList * p;
    LinkList * s;
    int scor,scor1,scor2,scor3,scor4;
    int flag=0;
```

```
    printf("请输入数学的成绩:\n");
    scanf("%d",&scor);
    printf("请输入英语的成绩:\n");
    scanf("%d",&scor1);
    printf("请输入语文的成绩:\n");
    scanf("%d",&scor2);
    printf("请输入物理的成绩:\n");
    scanf("%d",&scor3);
    printf("请输入化学的成绩:\n");
    scanf("%d",&scor4);
    p=head;
    while(p->next!=NULL)
    {
        if(strcmp(p->next->num,num)==0)
        {
            flag=1;
            break;
        }
        p=p->next;
    }
    if(flag==1)
    {
        p->next->shuxue=scor;
        p->next->yingyu=scor1;
        p->next->yuwen=scor2;
        p->next->wuli=scor3;
        p->next->huaxue=scor4;
    }
    else
    {
        s=(LinkList*)malloc(sizeof(LinkList));
        strcpy(s->num,num);
        s->shuxue=scor;
        s->yingyu=scor1;
        s->yuwen=scor2;
        s->wuli=scor3;
        s->huaxue=scor4;
        p->next=s;
        p=s;
        s->next=NULL;
        *n=*n+1;
    }
}
```

(3) 单链表的结点删除模块。

先判断链表是否为空，若为空，显示“学生表中没有任何的学生记录”；若不为空，依次比较要删除的学生的学号是否与单链表内某一结点的学号信息相同，若没有相同信息，显示“学生表中没有该学生记录”，否则对该结点进行删除操作。总人数 n－1。

```
int DeleStu(LinkList * head,char num[],int * n)          /* 删除学生 */
{
    LinkList * p=head;
    LinkList * s;
    if(p->next==NULL)
    {
        printf("学生表中没有任何的学生记录\n");
        return ERROR;
    }
    else
    {
        while(p!=NULL)
        {
            s=p->next;
            if(s!=NULL)
            {
                if(strcmp(s->num,num)==0)
                {
                    p->next=s->next;
                    * n= * n-1;
                    break;
                }
            }
            p=p->next;
    }
    printf("学生表中没有该学生记录\n");
    return ERROR;
    }
}
```

(4) 单链表的结点数据输出模块。

此函数的功能是浏览学生表中所有学生信息。

```
void DisplayStu(LinkList * head)                       /* 浏览学生链表 */
{
    LinkList * h=head->next;
    printf("学号    数学    英语    语文    物理    化学\n");
    while(h!=NULL)
    {
        printf("%s\t%d\t%d\t%d\t%d\t%d\n",h->num,h->shuxue,h->yingyu,h->yuwen,h->
```

```
            wuli,h->huaxue);
        h=h->next;
    }
}
```

(5) 主函数模块。

主函数是程序的入口，采用模块化设计。首先声明一些必要的变量，并为单链表头指针分配空间；然后调用 CreatLinkList 函数创建单链表，输出学生总人数，并且若有记录输入，即单链表不为空，调用 DisplayStu 函数输出全部学生信息，输入要插入的学生的学号，调用 InsertStu 函数进行插入操作，并再次输出更改后的全部学生信息；最后输入要删除的学生的学号，调用 DeleStu 函数进行删除操作，并输出最后的信息。

```
int main(int argc,char * argv[])
{
    LinkList * head;
    char num[110];
    int flag=0;
    int n=0;
    head=(LinkList * )malloc(sizeof(LinkList));
    head->next=NULL;
    CreatLinkList(head,&n);
    printf("学生总数为%d\n",n);
    if(head->next!=NULL)
    DisplayStu(head);
    printf("\n");
    printf("请输入要插入的学生的学号,以 0 结束\n");
    scanf("%s",&num);
    while(1)
    {
        if(strcmp(num,"0")==0) break;
        InsertStu(head,num,&n);
        printf("学生总数为 %d\n",n);
        DisplayStu(head);
        scanf("%s",&num);
    }
    printf("请输入要删除的学生的学号,以 0 结束\n");
    scanf("%s",&num);
    while(1)
    {
        if(strcmp(num,"0")==0) break;
            flag=DeleStu(head,num,&n);
            printf("学生总数为 %d\n",n);
            DisplayStu(head);
            scanf("%s",&num);
```

```
    }
    return 0;
}
```

注意：本课程设计的详细代码存放于光盘 23stuscore.c 文件中。

5. 运行与测试

首先依次输入学生信息：

```
请输入学生的学号，输入0结束输入：
001
请输入数学的成绩：
80
请输入英语的成绩：
81
请输入语文的成绩：
82
请输入物理的成绩：
83
请输入化学的成绩：
84
请输入学生的学号，输入0结束输入：
002
请输入数学的成绩：
71
请输入英语的成绩：
72
请输入语文的成绩：
73
请输入物理的成绩：
74
请输入化学的成绩：
75
```

```
请输入学生的学号，输入0结束输入：
0
学生总数为 2
************************************************
学号    数学    英语    语文    物理    化学
001     80      81      82      83      84
002     71      72      73      74      75
************************************************
```

插入界面：

```
请输入要插入的学生的学号，以0结束
003
请输入数学的成绩：
90
请输入英语的成绩：
91
请输入语文的成绩：
92
请输入物理的成绩：
93
请输入化学的成绩：
94
学生总数为 3
************************************************
学号    数学    英语    语文    物理    化学
001     80      81      82      83      84
002     71      72      73      74      75
003     90      91      92      93      94
************************************************
```

删除界面：

```
请输入要删除的学生的学号，以0结束
001
学生总数为 2
**********************************************
学号    数学    英语    语文    物理    化学
002     71      72      73      74      75
003     90      91      92      93      94
**********************************************
```

6. 总结与思考

本程序为每个处理功能编写了相应的函数模块。试考虑编写从文件读学生记录的函数、写学生记录到文件的函数和保存学生记录的函数，从而使学生成绩管理系统从文件中获取信息，并将最后处理的结果保存到文件中，使该系统更具实用性。

2.4　多项式求导

1. 问题描述

简单一元多项式的求导问题。

2. 设计要求

实现一元多项式求导运算，有效字符为变量 x，数字 0～9，运算符^、＋、－、＊、/。输出结果也为多项式。例如，输入 6x^4－32x，其输出结果为 24x^3－32。

3. 数据结构

本课程设计使用顺序表作为实现该问题的数据结构。

4. 分析与实现

首先显示提示信息，接收输入的多项式，以＃结尾，并将接收的多项式按顺序存入数组 ch 中。其次，判断输入的多项式中各字符是否为有效字符，若均为有效字符，调用多项式处理函数进行处理。最后输出结果。

下面分析多项式处理函数 void Process(int s[],char x)：

对数组 ch 中的数据 x 依次进行处理，并将处理的结果顺序存储到数组 s[]中。依次处理每个数据时，将数据 x 分为 0～9、x、^、＋－＊/、＃这 5 类分别处理。其中，flag 为标志，值为 0 表示遇到数字，值为 1 表示遇到字符“x”，值为 2 表示遇到“^”，值为 3 表示遇到“＋－＊/”，值为 4 表示指数处理结束；Tempnum 为暂时存储区，初始值为 0。

（1）当 x＝0～9 数字时：

① x 是指数：若 x＝1，指数处理结束，flag＝4，并且数组回到相关“x”的系数位置，即如 6x 求导结果为 6。若 x≠1，找到前一个最接近的系数，系数＝系数＊x，x＝x－1，指数处理结束，flag＝4。

② x 不是指数：tempnum＝tempnum * 10＋x 处理个位乃至多位数，flag＝0。

(2) 当 x＝“x”时：

若有系数 tempnum，将其存入数组 s；若无系数，数组 s 存入 1。然后存入“x”的 ASCII 码，flag＝1，tempnum＝0。

(3) 当 x＝“^”时：

数组 s 存入“^”的 ASCII 码，flag＝2。

(4) 当 x＝“＋－ * /”时：

① 若 flag＝4，数组 s 存入“＋－ * /”的 ASCII 码。

② 若 flag＝1，表示 x 为一次，覆盖“x”存入“＋－ * /”的 ASCII 码，flag＝3，tempnum＝0。

(5) 当 x＝“#”时：

① flag≠4，说明表达式以数字或“x”一次幂或“＋－ * /”结束，将其覆盖，存入“#”的 ASCII 码。

② flag＝1，即以“x”结尾，覆盖掉“x”，存入－2 作为结束标志。

③ 其他情况：数组 s 存入－2 作为结束标志。

需要注意的是，数组中存放 x、^、＋－ * /、# 符号时，均为 ASCII 码。为区别数字与 ASCII 码，在 ASCII 码之前存入 －1 作为标志。

例如，输入表达式为 12x^4＋7x－3#，模拟程序运行过程如下：

x	S[]												flag	tempnum
1													0	1
2													0	12
x	12	－1	x										1	0
^	12	－1	x	－1	^								2	0
4	48	－1	x	－1	^	3							4	0
＋	48	－1	x	－1	^	3	－1	＋					3	0
7	48	－1	x	－1	^	3	－1	＋					0	7
x	48	－1	x	－1	^	3	－1	＋	7	－1	x		1	0
－	48	－1	x	－1	^	3	－1	＋	7	－1	－		3	0
3	48	－1	x	－1	^	3	－1	＋	7	－1	－		0	3
#	48	－1	x	－1	^	3	－1	＋	7	－1	－1	#		

输出时，若遇到－1，输出其后一个 asc 码代表的字符；若为－2，直接退出，其他依次输出。此表达式结果为 48x^3＋7。

具体实现算法如下：

```
#include "consts.h"
int n;
int Cint(char mychar)
{
    return (mychar-48);                /* 字符转换成相应的数字 */
}
int IsChar(char i)                     /* 判断是否为可用字符 */
```

```
{
    if(i=='x'||i=='^'||i=='+'||i=='-'||i=='*'||i=='/'||i=='#'||isdigit(i))
        return TRUE;
    else
        return FALSE;
}
void Process(int s[],char x)            /*对表达式进行处理,定义数组s[],输入字符x*/
{
    static int flag=0,tempnum=0;        /*定义静态变量*/
    if(isdigit(x))                      /*如果输入的是数字*/
    {
        if(flag==2)                     /*遇到'^'号*/
        {
            if(Cint(x)==1)
            {
                n=n-4;
                flag=4;
                tempnum=0;
            }
            else                        /*处理指数*/
            {
                s[n-5]=s[n-5]*Cint(x);
                s[n++]=Cint(x)-1;
                flag=4;
                tempnum=0;
            }
        }
        else
        {
            tempnum=tempnum*10+Cint(x);
            flag=0;
        }
    }
    else if(x=='x')
    {
        if(tempnum!=0)
            s[n++]=tempnum;
        else
            s[n++]=1;
        s[n++]=-1;
        s[n++]=(int)x;
        tempnum=0;
        flag=1;
    }
```

```
    else if(x=='^')
    {
        s[n++]=-1;
        s[n++]=(int)x;
        flag=2;
    }
    else if(x=='+'||x=='-'||x=='*'||x=='/')
    {
        if(flag==4)                          /*指数处理结束*/
        {
            s[n++]=-1;
            s[n++]=(int)x;
        }
        else if(flag==1)
        {
            n-=2;
            s[n++]=-1;
            s[n++]=(int)x;
        }
        tempnum=0;
        flag=3;
    }
    else if(x=='#')
    {
        if(flag!=4)
        {
            n=n-1;
            s[n++]=-1;
            s[n]=(int)x;
        }
        else if(flag==1)
        {
            n-=2;
            s[n++]=-2;
        }
        else
        s[n++]=-2;
    }
}
int main(int argc,char*argv[])
{
    int s[40],i;
    char ch[40];
    printf("\n\t\t输入含x的表达式如:4x^3+5x-6#,一定要用'#'结尾,然后按Enter键!\n");
```

```
    scanf("%s",ch);                          /* 接收输入字符 */
    for(i=0;i<strlen(ch);i++)
    {
        if(!IsChar(ch[\i]))
        {
            printf("\nInput Error!");
            exit(0);
        }
    }
    for(i=0;i<strlen(ch);i++)                /* 计算数组长度,进入循环 */
        Process(s,ch[i]);                    /* 调用,将 CH 中的字符送入到 S[]数组中 */
    printf("求导结果为:");                    /* 输出结果 */
    for(i=0;i<n;i++)
    {
        if(s[i]==-2)
            i=n;
        else if(s[i]==-1)
            printf("%c",s[++i]);
        else
            printf("%d",s[i]);
    }
    printf("\n");
    return 0;
}
```

注意：本课程设计的详细代码存放于光盘 24differ.c 文件中。

5. 运行与测试

输入 23x^2－12＃,运行结果如下：

```
              输入含x的表达式如: 4x^3+5x-6#,一定要用'#'结尾,然后按回车键!
23x^2-12#
求导结果为:46x^1
```

输入 6x^4＊7x^3－2x^2＋5x＃,运行结果如下：

```
              输入含x的表达式如: 4x^3+5x-6#,一定要用'#'结尾,然后按回车键!
6x^4+7x^3-2x^2+5x
求导结果为:24x^3+21x^2-4x^1+5x
```

6. 总结与思考

本题若输入表达式 12x^4＊6x＋5x＋2＃,运行后给出结果 48x^3＊6＋5。如何修改程序,使 x^3 的系数为 288(48＊6)?

2.5 约瑟夫环问题

1. 问题描述

约瑟夫(Joseph)问题的一种描述是：设编号为 1,2,…,n 的 $n(n>0)$个人按顺时针方向围坐一圈，每人持有一个密码(正整数)。开始时任选一个整数作为报数上限值 m，从一个人开始顺时针自 1 开始顺序报数，报到 m 时停止报数。报 m 的人出列，将他的密码作为新的 m 值，从他在顺时针方向上的下一个人开始重新从 1 报数，如此下去，直至所有的人全部出列为止。要求设计一个程序模拟此过程，求出出列顺序。

2. 设计要求

设计一个程序，以人机交互方式执行，用户指定约瑟夫环游戏的总人数 n 和初始的报数上限 m，然后输入每个人所持有的密码 key。模拟约瑟夫环，从头开始报数，直到所有的人出列。系统按照出列顺序给出编号。

3. 数据结构

本课程设计利用带头结点的单循环链表作为模拟约瑟夫环游戏的存储结构。

4. 分析与实现

利用单循环链表求解本问题，先创建一个有 $n+1$ 个结点(包括一个头结点)组成的单循环链表，依次录入 n 个密码值 key。然后从第一个结点出发，连续略过 $m-1$ 个结点，将第 m 个结点从链表中删除，并将第 m 个结点的密码值 key 作为新的 m 值，接着再次从下一个结点出发，重复以上过程，直至链表为空为止。

Joseph 函数是实现问题的主要函数，其基本思想是：从 1 到 m 对带头结点的单循环链表循环计数，到 m 时，输出该结点的编号值，将该结点的密码作为新的 m 值，再从该结点的下一个结点起重新自 1 开始循环计数，直到单循环链表空时循环过程结束。

数据类型 DataType 定义如下：

```
#include "consts.h"
typedef struct Node
{
    int id;                              /* 编号 */
    int key;                             /* 密码 */
    struct Node * next;
}Node, * CircularList;
```

(1) 创建单循环链表函数模块。

用一个 for 循环来给链表的每个结点分配空间，输入每人所持有的密码 key，并创建结点。然后用头插法建立一个带头结点的单循环链表。

```
void CreatList(CircularList * ppHead, const int n)
{
    int i,ikey; Node * pNew, * pCur;
    for(i=1;i<=n;i++)
    {
        printf("请输入第%d个人所持有的密码:",i);
        scanf("%d", &ikey);
        pNew=(Node * )malloc(sizeof(Node));
        pNew->id=i;
        pNew->key=ikey;
        pNew->next=NULL;
        if(* ppHead==NULL)
        {
            * ppHead=pCur=pNew;
            pCur->next= * ppHead;
        }
        else
        {
            pNew->next=pCur->next;
            pCur->next=pNew;
            pCur=pNew;
        }
    }
    printf("约瑟夫环已建成,可以开始报数游戏!\n");
}
```

(2) 输出单循环链表函数模块。

先判断是否为空表。若不是空表,输出结点信息,同时指针向后移,指向下一个结点,继续输出,直到指针再次指向头结点为止,输出完毕。

```
void PrntList(const Node * pHead)
{
    const Node * pCur=pHead;
    if(!pHead)
        printf("表是空的!\n");
    do
    {
        printf("第%d个人所持有的密码是: %d\n",pCur->id,pCur->key);
        pCur=pCur->next;
    } while (pCur!=pHead);
}
```

(3) 按约瑟夫环规则删除结点并输出结点信息的函数模块。

设立一个标签 iFlag,值为 1 执行循环语句,值为 0 跳出循环。while 循环语句里的 for 循环实现报数功能,也就是结点移动的功能,设指针 pPrv 和指针 pCur,表示结点的移动(pPrv=pCur;pCur=pCur－>next),移动 ikey 个结点,再删除第 ikey 个结点,并把该结点的密码值 key－1 赋给 ikey,再从该结点的下一个结点移动,重复上面的过程,结点全都删除后(pPrv=pCur),设置标签的值为 0,结束 while 循环,游戏结束。

```
void Joseph(CircularList * ppHead,int ikey)
{
    int iCounter,iFlag=1;
    Node * pPrv, * pCur, * pDel;
    pPrv=pCur= * ppHead;            /* 将 pPrv 初始为指向尾结点,为删除做好准备 */
    while(iFlag)
    {
        for(iCounter=1;iCounter<=ikey;iCounter++)  /* 移动 iCipher-1 趟指针 */
        {
            pPrv=pCur;
            pCur=pCur->next;
        }
        if(pPrv==pCur)                         /* 是否为最后一个结点了 */
            iFlag=0;
        pDel=pCur;                             /* 删除 pCur 指向的结点,即有人出列 */
        pPrv->next=pCur->next;
        pCur=pCur->next;
        printf("第%d 个人出列,所持有密码是: %d\n",pDel->id,pDel->key);
                                               /* 编号标识出列顺序 */
        ikey=pDel->key-1;
        free(pDel);
    }
    ppHead=NULL;
}
```

(4) 主函数模块。

设 flag 为标志位,若为 1,开始或继续游戏;若为 0,退出游戏。游戏开始,首先用户输入总人数 n 和初始报数上限 m。调用函数 CreatList()创建单循环链表,同时输入每个人的密码 key。然后输出所有人信息以确认。再调用 Joseph 函数,按规则完成游戏并输出结果。最后再用 iflag 标志位判断游戏是否继续。

```
int main(int argc,char * argv[])
{
    int n,m;
    int iflag=1;
    while(iflag==1)
    {
        CircularList pHead=NULL;
        printf("请输入总人数 n=");
        scanf("%d",&n);
        printf("\n 请输入初始报数上限 m=");
```

```
        scanf("%d",&m);
        CreatList(&pHead,n);
        printf("\n------------输出所有的人信息如下:-------------\n");
        PrntList(pHead);
        printf("\n---------按照出列顺序输出每个人的编号:--------- \n");
        Joseph(&pHead,m-1);
        printf("\n约瑟夫环的游戏完成!\n");
        printf("\n\n是否继续游戏?输入1继续,输入0退出,请选择!\n");
        scanf("%d",&iflag);
    }
    return 0;
}
```

注意:本课程设计的详细代码存放于光盘25josephus.c文件中。

5. 运行与测试

测试数据:n=7,初始报数上限值m=20,7个人的密码依次为3,1,7,2,4,8,4。

运行程序后,输入总人数,初始报数上限值m和所有人的密码,完成约瑟夫环游戏。界面如下:

```
请输入总人数n=7

请输入初始报数上限m=20
请输入第1个人所持有的密码:3
请输入第2个人所持有的密码:1
请输入第3个人所持有的密码:7
请输入第4个人所持有的密码:2
请输入第5个人所持有的密码:4
请输入第6个人所持有的密码:8
请输入第7个人所持有的密码:4
约瑟夫环已建成,可以开始报数游戏!

------------输出所有的人信息如下:-------------
第 1个人所持有的密码是: 3
第 2个人所持有的密码是: 1
第 3个人所持有的密码是: 7
第 4个人所持有的密码是: 2
第 5个人所持有的密码是: 4
第 6个人所持有的密码是: 8
第 7个人所持有的密码是: 4

---------------按照出列顺序输出每个人的编号:----------------
第6个人出列,所持有密码是: 8
第1个人出列,所持有密码是: 3
第4个人出列,所持有密码是: 2
第7个人出列,所持有密码是: 4
第2个人出列,所持有密码是: 1
第3个人出列,所持有密码是: 7
第5个人出列,所持有密码是: 4

约瑟夫环的游戏完成!

是否继续游戏?输入1继续, 输入0退出, 请选择!
```

运行结果为:

```
6 1 4 7 2 3 5
```

6. 总结与思考

本程序设计的主要内容是用单循环链表模拟约瑟夫环游戏，循环链表是一种首尾相接链表，其特点是无须增加存储容量，仅对单链表的链接方式稍作改动，使表处理更加灵活，约瑟夫环问题就是用单循环链表处理的一个实际应用。

传统的游戏很多，都可以通过编程实现，这样由游戏玩家变成游戏制造者，会比玩游戏更有兴趣和成就感。

2.6 数据库管理系统

1. 问题描述

当今计算机技术飞速发展，信息管理领域日益扩大，数据库已被广泛应用于各个领域，它用科学的方法管理和处理数据，给人们的生活带来了巨大变化。用户建立自己的数据库，更能提高管理工作的效率。综合运用数据结构和 C 语言知识，建立一个数据库管理系统(DBMS)，能够让用户自己定义、创建和控制数据库。

2. 设计要求

设计一个数据库管理系统，用户可以自行定义和创建数据库，能够对数据库实现插入(追加)、浏览、浏览定位、条件定位、按条件修改、按条件排序、删除和全部删除等功能，并能保存数据库信息到指定文件以及打开并使用已存在的数据库文件，但库结构定义后不允许修改。要求以类似 FOXBASE 命令提示符形式，提示和等待用户指定命令，进行相关操作。

3. 数据结构

本课程设计使用单链表作为实现该问题的数据结构。

4. 分析与实现

根据设计要求，数据库是通用的，因此需要定义一个通用的库结构。用户在这个库结构上可应用所需要的多个字段和多种字段类型，创建自己的数据库。这就需要构造一个单链表，其结点信息包括字段名、字段类型以及指向下一结点的指针。通过对单链表的创建，达到创建库结构的目标。

根据 DBMS 的要求，需要对数据库进行创建、追加、浏览、浏览定位、条件定位、按条件修改、按条件排序、删除、全部删除和数据库的打开和关闭等操作。要求人机交互界面为类 DOS 的命令提示符形式，各操作命令定义如下：

- creat 命令：创建数据库，并保存到指定文件。格式为"creat 数据库名.文件类型"。也可用默认的文件类型。
- append 命令：在当前数据库文件的末尾追加一条新的记录。根据提示字段名，输入具体需添加的数据。

- brows 命令：浏览数据库中的全部信息。
- go-disp 命令：定位浏览信息命令。go 定位到特定位置，disp 浏览定位的信息。
- locate for 命令：条件定位命令。格式为“locate for 字段名="字段内容"”。
- delete for 命令：按条件删除命令。格式为“delete for 字段名="字段内容"”，将符合条件的数据删除。
- zap 命令：全部删除。将正在使用的该数据库的全部信息删除。字段不改变。
- change for 命令：按条件修改信息命令。格式为“change for 字段名="字段内容"”。然后根据提示字段名，修改各字段信息。
- sort on 命令：按字段排序命令。按用户指定字段进行升序[/a]或降序排序[/d]，默认为按升序排列。
- use 命令：打开已创建的数据库。
- /use 命令：关闭当前数据库，并保存数据库信息到指定文件。
- help 命令：显示帮助文档——DBMS 命令一览表。
- quit 命令：退出本数据库管理系统。

本程序采用模块化设计，主函数不宜复杂，各功能尽量在各模块中实现。运行程序，首先显示 help 模块，提示用户使用规范的命令。光标闪烁等待用户输入命令，根据用户输入不同命令，调用相应的函数模块，从而实现该命令的功能。每完成一个命令后，光标继续闪烁等待用户的下一个命令，若输入命令为 quit，则程序结束。如此，人机交互实现了类 DOS 的命令提示符模式。

具体实现如下：

首先声明必要的变量和定义数据库结构。

```
#include "consts.h"
#include <sys\stat.h>
#include <io.h>
int length=1;
int fangwen=0;
int visit[110]={0};                  /* 定义标记数组用于 locate 与 continue 命令 */
int continue1=0;
int go;                              /* 存储当前所指向的记录 */
char link1[110];
char value1[110];
char zd1[110];
char lx1[110];
typedef struct dbms_node             /* 定义数据库的类型 */
{
    char data[110];
    char type[110];
    struct dbms_node * next;
}DbmsLinklist;
```

```
struct dbms_point
{
    char data[20];
};
struct dbms_point wj[200][10]; /* 定义结构体型的二维数组以便用来与文件进行交互 */
char mem[110];                 /* 分别存储文件的每一行,再复制给 wj 数组 */
char ch;                       /* 分别接收文件的每一个字符 */
int len=0;                     /* wj 数组的行数,也就是数据库中的记录数目 */
int lie=0;
int com=0;                     /* 记录 wj 的列数 */
int i,j,bianlen,fanlen=0;
char member[110];
char bian[100];                /* 自动生成的编号转换为相对应的字符串 */
char fabian[100];              /* 反向存储 bian 数组 */
FILE * fp;
void Switch(char bian[],int num)    /* 把数字转换为字符数组 */
{
    int l=0;
    int n=num;
    while(1)                   /* 把数字转化为相应的字符串并存放到 bian 数组中 */
    {
        if(n==0) break;
        n=num%10;
        bian[l]=n+48;
        l++;
        n=n/10;
    }
```

(1) 显示帮助界面函数。

输出"DBMS 命令一览表",帮助用户正确使用命令。

```
void HelpDbms()
{
    printf("           * DBMS 命令一览表 * \n");
    printf("* 1,创建数据库命令语法格式->creat databasename * \n");
    printf("* 2,追加字段的命令->append * \n");
    printf("* 3,浏览数据库中所有字段命令->brows * \n");
    printf("* 4,go 命令语法格式->go number (eg:go 1)用 disp 浏览定位的字段 * \n");
    printf("* 5,条件定位命令语法格式->locate for 字段名=\"字段内容\" * \n");
    printf("* 6,按条件删除命令语法格式->delete for 字段名=\"字段内容\" * \n");
    printf("* 7,全部删除命令->zap * \n");
    printf("* 8,按条件修改命令->change for 字段名=\"字段内容\" * \n");
    printf("* 9,按条件排序命令->升序: sort on 字段名[/a] 降序: sort on 字段名/d * \n");
    printf("* 10,打开帮助文档命令->help * \n");
}
```

(2) 创建数据库函数模块。

首先为数据库分配内存，输入第 0 个字段为“编号”，以后每追加一条数据，都自动对其进行编号，方便之后进行定位、删除等操作。编写一个 while 无限循环，引导用户定义字段，包括输入字段名和定义字段类型，直至输入" $ "结束，跳出循环。字段类型可为 string、int 和 double。用户每输入一个字段类型，程序调转执行到 loop，也是一个无限 while 循环，判断字段类型是否规范。规范的字段类型包括 string、int 和 double。所有字段定义结束后，输出定义的全部字段及其类型，方便用户使用。

```
void CreateDbmsStruct(DbmsLinklist * database[],int * length)  /* 建立数据库类型 */
{
    char ch[110],type[110],tou[]="编号 \0";      /*建立库结构时自动建立编号字段 */
    int len,i;
    database[0]=(DbmsLinklist * )malloc(sizeof(DbmsLinklist));
    strcpy(database[0]->data,tou);                            /* 建立编号字段 */
    strcpy(database[0]->type,"char");                         /* 建立库结构 */
    printf(".请输入字段 %d 的名称 以'$'结束输入\n", * length);
    printf(".");
    scanf("%s",ch);
    printf(".请输入字段 %d 的类型(string,int,double) \n", * length);
    scanf("%s",type);
    loop:
while(1)
    {
        if(strcmp(type,"string")==0||strcmp(type,"int")==0||strcmp(type,
           "double")==0)                                     /* 判断类型 */
            break;
        else
        {
            printf("您输入的类型非法!请重新输入\n");
            printf(".请输入字段 %d 的类型(string,int,double) \n", * length);
            scanf("%s",type);
        }
    }
    while(1)                                /* 循环输入库结构类型,以"$"结束输入 */
    {
        if(strcmp(ch,"$")==0) break;
        len=strlen(ch);
        ch[len]=' ';
        ch[len+1]='\0';
        database[ * length]=(DbmsLinklist * )malloc(sizeof(DbmsLinklist));
        strcpy(database[ * length]->data,ch);
        strcpy(database[ * length]->type,type);
        * length= * length+1;
```

```
        printf(".请输入字段 %d 的名称 以'$'结束输入\n", * length);
        printf(".");
        scanf("%s",ch);
        if(strcmp(ch,"$")==0) break;
        printf(".请输入字段 %d 的类型(string,int,double) \n", * length);
        scanf("%s",type);
        goto loop;                         /* 如果输入的类型不匹配,则跳转到 loop */
    }
    for(i=0;i< * length;i++)
        printf("%s(%s)",database[i]->data,database[i]->type);
                                           /* 输入结束时输出数据库字段和类型 */
}
```

(3) 打开数据库函数模块。

以读写模式打开已经存在的文件,将其中数据读到数组 ch 中,然后将获得的数据按行存入二维数组 wj 中。其中,以空格为字段值的分隔符,以回车符为行的分隔符。

```
void OpenDbms(char app[],int * com,int * len,char bian[], char fabian[])
{                              /* 打开数据库文件并且将文件中的数据存入结构体二维数组中 */
    FILE * fp;
    char ch;
    char mem[110];
    int lie=0;
    memset(bian,'\0',sizeof(bian));                 /* 开始字符型数组初始化 */
    memset(mem,'\0',sizeof(mem));                   /* 开始字符型数组初始化 */
    memset(fabian,'\0',sizeof(fabian));             /* 开始字符型数组初始化 */
    fp=fopen(app,"r+");                             /* 打开相应的数据库文件 */
    ch=fgetc(fp);                     /* 获得文件中的每一个字符一直到文件末尾 */
    while(ch!=EOF)                    /* 把获取的字符按行存入到 wj 数组里 */
    {
        if(ch==' ')                   /* 如果遇到空格就把 mem 复制到 wj 的一个单元中 */
        {
            strcpy(wj[ * len][ * com].data,mem);
            * com= * com+1;
            memset(mem,'\0',sizeof(mem));
                                      /* 把 mem 复制到 wj 的一行后初始化 mem 数组 */
            lie=0;
        }
        else if(ch=='\n')           /* 如果遇见回车符车则结束 wj 的一行,开始存储下一行 */
        {
            * len= * len+1;
            * com=0;                  /* 列恢复 0 */
        }
        else
        {
```

```
            mem[lie]=ch;            /* 把在数据库文件中读出的一行存放在 mem 数组中 */
            lie++;
        }
        ch=fgetc(fp);               /* 获取文件的下一个字符 */
    }
    * len= * len+1;                 /* 每存完一行行数自加 */
}
```

(4) 追加数据函数模块。

首先为追加的数据自动生成编号：若数据库中已存在记录，则追加的数据编号为其上一个数据的编号加 1。因此，先取出上一条数据的编号(字符型)，将其转化成 int 型，然后加 1，即为追加的数据的编号，再将其转化成字符型，存入数据库。若数据库中没有数据，则追加数据编号为 1，存入数据库。其次，编辑 for 循环，引导用户输入对应字段的数据信息，将其存入数据库，追加数据操作完成。

```
void AppendDbms (char bian [], int fanlen, char fabian [], int bianlen, int * com,
int * len)                                      /* 追加记录 */
{
    int i,j,k=1,sum=0;
    memset(bian,'\0',sizeof(bian));
    if(* len>1)                                 /* 自动生成编号的值 */
    {
        j=strlen(wj[ * len-1][0].data);
        for(i=j-1;i>=0;i--)             /* 将数据库最后一条记录的编号值转化为整型 */
        {
            sum=sum+ (wj[ * len-1][0].data[i]-'0') * k;
            k * =10;
        }
        sum++;                          /* 追加记录的编号为其最后一条记录的编号加 1 */
        Switch(bian,sum);
    }
    else
        Switch(bian,1);                 /* 将其编号的值转化为相对应的字符串 */
    fanlen=0;
    memset(fabian,'\0',sizeof(fabian));

    bianlen=strlen(bian);
    for(i=bianlen-1;i>=0;i--)
        fabian[fanlen++]=bian[i];
                                /* 因为转化的字符串为该编号的逆序，所以将其反向存储 */
    fabian[fanlen]='\0';
    strcpy(wj[ * len][0].data,fabian);
    for(i=1;i< * com;i++)                       /* 分别追加各条记录的值 */
    {
```

```
        printf("请输入: %s ",wj[0][i].data);
        scanf("%s",wj[*len][i].data);
    }
    *len=*len+1;                                    /*追加成功后行数自加*/
    printf("该数据添加成功!\n");
}
```

(5) 浏览数据库函数模块。

该模块的功能为：格式输出数据库中数据，起到浏览数据的功能。首先编写嵌套 for 循环，记录每个字段值中最长字段的长度 maxlen。然后，再用嵌套 for 循环输出数据库中的数据，按照最长的字段格式输出，不足的字段以空格补充，使得浏览输出的数据整齐清晰。

```
void DisplayDbms(char mem[],int *com,int *len)     /*浏览写进数组中的数据*/
{
    int i,j,k,flen,maxlen=-1;
    memset(mem,'\0',sizeof(mem));
    for(i=0;i<*len;i++)        /*记录每个字段值中最大的程度以便调整输出的格式*/
        for(j=0;j<*com;j++)
        {
            flen=strlen(wj[i][j].data);
            if(flen>maxlen)
                maxlen=flen;
        }
    for(i=0;i<*len;i++)                              /*输出 wj 中所有的字段内容*/
    {
        for(k=0;k<maxlen*(*com);k++)
            printf("*");
        printf("\n");
        for(j=0;j<*com;j++)
        {
            printf("%s",wj[i][j].data);
            for(k=strlen(wj[i][j].data);k<=maxlen;k++)
                printf(" ");
        }
        printf("\n");
    }
    for(k=0;k<maxlen*(*com);k++)
        printf("*");
    printf("\n");
}
```

(6) 浏览定位函数模块。

DispGo 为浏览定位的数据，go 为浏览定位编号。浏览数据时，首先记录最长字段的长度，以便调整输出格式。然后，以调整好的格式输出第一行，也就是输出数据库的字段名。最后，格式输出指定的编号为 go 的一行数据。

```
void DispGo(int go,int * com,int * len)                /* DispGo 函数 */
{
    int i,j,k,maxlen=-1,flen;
    for(i=0;i< * len;i++)            /* 记录每个字段值中最大的程度以便调整输出的格式 */
        for(j=0;j< * com;j++)
        {
            flen=strlen(wj[i][j].data);
            if(flen>maxlen)
                maxlen=flen;
        }
    for(k=0;k<maxlen * ( * com);k++)
        printf("*");
    printf("\n");
    for(i=0;i< * com;i++)                          /* 输出 wj 第一行,也就是数据库类型行 */
    {
        printf("%s",wj[0][i].data);
        for(k=strlen(wj[0][i].data);k<maxlen;k++)
            printf(" ");
    }
    printf("\n");
    for(k=0;k<maxlen * ( * com);k++)
        printf("*");
    printf("\n");
    for(j=0;j< * com;j++)                          /* 格式化输出 go 所指的字段值 */
    {
        printf("%s",wj[go][j].data);
        for(k=strlen(wj[go][j].data);k<=maxlen;k++)
            printf(" ");
    }
    printf("\n");
    for(k=0;k<maxlen * ( * com);k++)           /* 输出格式化 */
        printf("*");
    printf("\n");
}
```

(7) 按条件删除函数模块。

删除的命令格式为“delete for 字段名="字段内容"”，先将命令的第二个字符串存入 link，对比是否为 for，若不是，提示命令错误；若为 for，再用 for 循环将“字段名="字段内容"”存入数组 value，遍历该数组，通过比较“=”，取出“=”号前面的字段名，存入数组 zd。类似地，比较双引号""，取出两个双引号之间的字符串，即为字段内容，存入数组 lx；若没有""，同样提示命令错误。在数据库的字段中匹配 zd，若不存在，提示数据库没有该字段；若存在，定位这个字段，将这个字段下所有的值与 lx 比较。若存在 lx，依次将它后面的数据前移，覆盖掉需要删除的字段，实现删除功能。

```
void DeleteDbms(char mem[],int * com,int * len)        /* 删除函数 */
{
    char link[110],value[110],zd[110],lx[110];
                        /* 接收输入的 for 命令，value 为接收所要删除字段的名称和内容。
                           zd 数组为接收要查找的字段，lx 为要查找字段的内容 */
    int lxlen=0,vlen,start=-1,end=-1,i,j,flag1=0,linklen,jilu=-1,dingwei=-1,
    zdlen=0;
    scanf("%s",link);                              /* 接收输入的 for */
    scanf("%s",value);                             /* 接收输入的 for 后面的字符串 */
    vlen=strlen(value);
    linklen=strlen(link);
    link[linklen]=' ';
    link[linklen+1]='\0';
    memset(mem,'\0',sizeof(mem));
    memset(zd,'\0',sizeof(zd));
    memset(lx,'\0',sizeof(lx));
    for(i=0;i<vlen;i++)                            /* 获取要查找的字段名称 */
    {
        if(value[i]=='=')
            break;
        zd[zdlen++]=value[i];
    }
    zd[zdlen]='\0';
    if(strcmp(link,"for ")!=0)
    {
        printf("您输入的命令有语法错误!\n");
        goto loop;
    }
    for(i=0;i<vlen;i++)
    {
        if(value[i]==34&&flag1==0)                 /* 遇见第一个双引号记录下标 */
        {
            start=i;
            flag1=1;
        }
        else if(value[i]==34&&flag1==1)
        {
            end=i;                       /* 遇见最后一个双引号记录下标并退出 */
            break;
        }
    }
    if(start==-1||end==-1)               /* 如果没有遇见一对引号说明输入的语法错误 */
```

```
    {
        printf("您输入的命令语法有错误!\n");
        goto loop;
    }
    for(i=start+1;i<end;i++)          /*把双引号之间的字符存入到 lx 中*/
    {
        lx[lxlen++]=value[i];
    }
    lx[lxlen]='\0';
    for(i=0;i<*com;i++)               /*在 wj 中匹配 zd,如果匹配成功记录其列坐标*/
        if(strcmp(wj[0][i].data,zd)==0)
            jilu=i;
        if(jilu==-1)
        {
            printf("数据库没有该字段的值!\n");
            goto loop;
        }
        for(i=0;i<*len;i++)           /*如果匹配到该行,则 dingwei 变量定位到该行*/
        {
            if(strcmp(wj[i][jilu].data,lx)==0)
            {
                dingwei=i;
                break;
            }
        }
        if(dingwei==-1)
        {
            printf("数据库中没有符合该条件的字段!\n");
            goto loop;
    }
    for(i=dingwei;i<*len-1;i++)           /*删除其匹配成功的字段*/
        for(j=0;j<*com;j++)
            strcpy(wj[i][j].data,wj[i+1][j].data);
                                          /*删除该行后,后面所有的行向上移动一行*/
        *len=*len-1;                      /*删除后总行数减 1*/
        printf("删除成功!\n");
    loop: ;
}
```

(8) 按条件定位模块。

locate 的命令格式为“locate for 字段名="字段内容"”。先用 link1 数组接收"for"字符串,然后进行判断 link 数组中接收的字符串是否为"for",如果不是"for",输出语法错误,用 loop 命令跳到函数末尾;如果是"for",则用 value1 接收输入的条件字符串。然后用 zd1 接收 value1 中“=”号以前的字符,如果没有“=”,则输出语法错误,跳到函数末尾。用 lx1 数组接收双引号之间的字符，如果没有出现双引号，则输出语法错误，用 loop 命令跳到函数末尾；否则在 wj 数组中符合 zd1 的那一列中匹配和 lx1 数组中内容相符的那一行。用 disp 进行浏览，再用 continue 命令查找符合条件的下一行，再用 disp 进行浏览。如果 wj 中没有符合条件的字段，则输出“数据库没有符合该条件的字段”。

```
void LocateDbms()
{
    int zdlen=0;
    int lxlen=0;
    int vlen;
    int flag=0;
    char mem[110];
    int start=-1,end=-1;
    int i,j,k,flag1=0;
    int maxlen=-1;
    int linklen;
    int jilu=-1;
    int flen;
    int dingwei=-1;
    char member[110];
    fangwen=1;
    if(continue1==0)                    /* 如果输入的是 locate 命令则执行 */
    {
        scanf("%s",link1);
        scanf("%s",value1);
        memset(visit,0,sizeof(visit));
    }
    vlen=strlen(value1);
    linklen=strlen(link1);
    if(continue1==0)
    {
        link1[linklen]=' ';
        link1[linklen+1]='\0';
    }
    memset(mem,'\0',sizeof(mem));
    if(continue1==0)
    {
        memset(zd1,'\0',sizeof(zd1));
        memset(lx1,'\0',sizeof(lx1));
    }
    if(continue1==1)                    /* 如果输入的是 continue 命令则跳转到 loop2 */
        goto loop2;
    for(i=0;i<vlen;i++)
    {
```

```
    if(value1[i]=='=')
        break;
    zd1[zdlen++]=value1[i];
}
zd1[zdlen]='\0';
loop2:
if(strcmp(link1,"for ")!=0&&strcmp(link1,"FOR ")!=0)
{
    printf("您输入的命令有语法错误!\n");
    goto loop;
}
for(i=0;i<vlen;i++)
{
    if(value1[i]==34&&flag1==0)
    {
        start=i;
        flag1=1;
    }
    else if(value1[i]==34&&flag1==1)
    {
        end=i;
        break;
    }
}
if(start==-1||end==-1)
{
    printf("您输入的命令语法有错误!\n");
    goto loop;
}
for(i=start+1;i<end;i++)
    lx1[lxlen++]=value1[i];
if(continue1==1)
    goto loop3;
lx1[lxlen]='\0';
loop3:
for(i=0;i<com;i++)
if(strcmp(wj[0][i].data,zd1)==0)
    jilu=i;
if(jilu==-1)
{
    printf("数据库没有该字段的值!\n");
    goto loop;
}
for(i=0;i<len;i++)
```

```
    {
        if(strcmp(wj[i][jilu].data,lx1)==0&&visit[i]==0)
        {
            dingwei=i;
            visit[dingwei]=1;
            break;
        }
    }
    if(dingwei==-1)
    {
    printf("数据库中没有符合该条件的字段!\n");
        goto loop;
    }
    for(i=0;i<len;i++)
        for(j=0;j<com;j++)
        {
            flen=strlen(wj[i][j].data);
            if(flen>maxlen)
                maxlen=flen;
        }
    for(k=0;k<maxlen*(com);k++)
        printf("*");
    printf("\n");
    for(i=0;i<com;i++)
    {
        printf("%s",wj[0][i].data);
        for(k=strlen(wj[0][i].data);k<maxlen;k++)
            printf(" ");
    }
    printf("\n");
    for(k=0;k<maxlen*(com);k++)
        printf("*");
    printf("\n");
    for(j=0;j<com;j++)
    {
        printf("%s",wj[dingwei][j].data);
        for(k=strlen(wj[i][j].data);k<maxlen;k++)
            printf(" ");
    }
    printf("\n");
    for(k=0;k<maxlen*(com);k++)
        printf("*");
    printf("\n");
    loop:    ;
}
```

(9) 按条件修改数据函数模块。

用相同的方法，取出需要修改的字段名和字段值。将得到的字段名与数据库里的字段名对比，若不一致，则显示命令错误。之后将需要修改的数据的值与数据库中该字段的所有数据对比，若存在，提示用户根据字段依次输入新的数据；若不存在，显示没有符合该条件的字段。

```
void ChangeDbms(char mem[],int * com,int * len)     /* 修改字段的函数 */
{
    char link[110],value[110],zd[110],lx[110];
    int zdlen=0,lxlen=0,vlen,start=-1,end=-1,i,flag1=0,linklen,jilu=-1,
    dingwei=-1,gailen;
    scanf("%s",link);                               /* 存放 for 字符串 */
    scanf("%s",value);                              /* 存放 for 后面的字符串 */
    vlen=strlen(value);                             /* 测量 value 数组的长度 */
    linklen=strlen(link);                           /* 测量 link 数组的长度 */
    link[linklen]=' ';                /* 将 link 数组末尾追加一个空格以便匹配"for " */
    link[linklen+1]='\0';             /* 追加空格后 link 末尾+1 打上结束标识 */
    memset(mem,'\0',sizeof(mem));     /* 初始化数组 */
    memset(zd,'\0',sizeof(zd));       /* 初始化字段数组 */
    memset(lx,'\0',sizeof(lx));       /* 初始化要匹配的内容数组 */
    for(i=0;i<vlen;i++)               /* zd 存放 value 中等号之前的字段名称 */
    {
        if(value[i]=='=')
            break;
        zd[zdlen++]=value[i];
    }
    zd[zdlen]='\0';          /* 末尾赋予结束标识 */
    if(strcmp(link,"for ")!=0)
                        /* 如果 link 没有与"for "匹配成功,则说明命令语法有错误 */
    {
        printf("您输入的命令有语法错误!\n");
        goto loop;                           /* 跳到 loop 指向的位置,也就是函数末尾 */
    }
    for(i=0;i<vlen;i++)
    {
        if(value[i]==34&&flag1==0)           /* 找到第一个“"”,start 指向其下标 */
        {
            start=i;
            flag1=1;                         /* flag1=1 说明已经找到第一个“"” */
        }
        else if(value[i]==34&&flag1==1)
        {            /* 如果找到了第二个“"”并且 flag1=1,则 end 指向第二个“"”的下标 */
```

```
            end=i;
            break;              /* start 与 end 都找到后跳出循环体 */
        }
    }
    if(start==-1||end==-1)      /* 如果 start 或者 end 没有全部找到,则说明命令有错误 */
    {
        printf("您输入的命令语法有错误!\n");
        goto loop;              /* 跳到 loop 指定的位置,也就是函数末尾 */
    }
    for(i=start+1;i<end;i++) /* 将 value 数组中 start 与 end 之间的字符赋给 lx 数组 */
        lx[lxlen++]=value[i];
        lx[lxlen]='\0';         /* lx 数组末尾加上结束标志 */
    for(i=0;i< * com;i++)
        if(strcmp(wj[0][i].data,zd)==0)
                        /* 如果要查找的字段在 wj 数组中存在的话,则 jilu 指向该字段 */
            jilu=i;
    if(jilu==-1)                /* 如果 jilu=-1,说明在数据库中不存在要查找的字段 */
    {
        printf("数据库没有该字段的值!\n");
        goto loop;              /* 跳到 loop 指向的位置,也就是函数末尾 */
    }
    for(i=0;i< * len;i++)       /* 在匹配成功的字段中查找满足条件内容的行的位置 */
    {
        if(strcmp(wj[i][jilu].data,lx)==0)
                                /* 如果找到,则 dingwei 等于该行所在的位置 */
        {
            dingwei=i;
            break;
        }
    }
    if(dingwei==-1)             /* 如果 dingwei 等于-1,说明没有找到满足条件的行 */
    {
        printf("数据库中没有符合该条件的字段!\n");
        goto loop;                          /* 跳到 loop 指定的位置,也就是函数末尾 */
    }
    for(i=0;i< * com;i++)                   /* 找到该行后对该行的每个字段进行修改 */
    {
        printf("请输入%s 的值:\n",wj[0][i].data);
        printf("%s ->",wj[dingwei][i].data);
        scanf("%s",wj[dingwei][i].data);
        gailen=strlen(wj[dingwei][i].data);
        wj[dingwei][i].data[gailen]='\0';
    }
    printf("字段修改成功!\n");
```

```
    loop: ;
}
```

(10) 按字段排序函数模块。

按照前面的方法，取得需要排序字段的字段名，然后判断字段名之后的那个字符是否为@、a、A、d、D的其中一个(a表示升序，d表示降序，不区分大小写，默认排序为升序)，若不是，提示命令错误；若是，调用Px_Dbms函数按冒泡排序思想进行排序操作。

```
void PxDbms(char ziduan[],char ch,int * com,int * len)  /* 排序函数 */
{
    int i,j,k,reg=-1;
    char temp[20];
    memset(temp,'\0',sizeof(temp));
    for(i=0;i< * com;i++)                /* 查找满足条件的字段 */
        if(strcmp(wj[0][i].data,ziduan)==0)
         reg=i;
    if(reg==-1)                          /* 如果该字段在数据库中不存在，则 reg=-1 */
        printf("数据库中没有该字段!\n");
    if(reg!=-1)                          /* 否则进行排序 */
    {
      if(ch=='d'||ch=='D')               /* 如果 ch='d'或者'D'，则为降序排列 */
       {
         for(i=1;i< * len;i++)           /* 利用冒泡排序法降序排序 */
         {
             for(j=i+1;j< * len;j++)
             {
                 if(strcmp(wj[i][reg].data,wj[j][reg].data)<0||(strlen(wj[i]
                     [reg].data)<strlen(wj[j][reg].data)))
                {
                 for(k=0;k< * com;k++)
                 {
                     strcpy(temp,wj[i][k].data);
                     strcpy(wj[i][k].data,wj[j][k].data);
                     strcpy(wj[j][k].data,temp);
                     memset(temp,'\0',sizeof(temp));
                    }
                }
             }
         }
    }
                else                               /* 否则为升序排列 */
                {
                    for(i=1;i< * len;i++)      /* 使用冒泡排序法进行升序排序 */
                    {
```

```
                    for(j=i+1;j< * len;j++)
                    {
                      if(strcmp(wj[i][reg].data,wj[j][reg].data)> 0||(strlen
                         (wj[i][reg].data)>strlen (wj[j][reg].data)))
                        {
                            for(k=0;k< * com;k++)
                            {
                                strcpy(temp,wj[i][k].data);
                                strcpy(wj[i][k].data,wj[j][k].data);
                                strcpy(wj[j][k].data,temp);
                                memset(temp,'\0',sizeof(temp));
                            }
                        }
                    }
                }
            }
        }
    }
void SortDbms(int * com,int * len)
{
    char second[110],value[110],ziduan[110], ch='@ ';
    int lenv,i,lenzd=0,com1= * com,len1= * len;
    memset(second,'\0',sizeof(second));          /* 初始化数组 */
    memset(value,'\0',sizeof(value));            /* 初始化数组 */
    memset(ziduan,'\0',sizeof(ziduan));          /* 初始化数组 */
    scanf("% s",second);                         /* 接收"on" */
    scanf("% s",value);                          /* 接收"on"后面的字符 */
    if(strcmp(second,"on")!=0)          /* 如果 second 不等于"on",则说明语法错误 */
    {
        printf("语法错误!\n");
        goto loop;                      /* 跳到 loop 指定的位置,也就是函数末尾 */
    }
    lenv=strlen(value);                 /* 测量 value 数组的长度 */
    for(i=0;i<lenv;i++)
    {
        ziduan[lenzd++]=value[i];
        if(value[i]==47)
                  /* ch 接收排序的方法,如果是升序,则 ch 接收到的字符为'a'或者'A' */
        {         /* 如果为降序,则 ch 接收到的字符为'd'或者'D' */
            ch=value[i+1];
            break;
        }
        if(value[i]==92)            /* 如果输入的字符存在'\',则说明命令中有非法字符 */
        {
```

```
            printf("您输入的语法中含有非法字符'\' \n");
            goto loop;                /* 跳到函数末尾 */
        }
    }
    if(ch=='@ ')                      /* 如果 ch 没有接收到字符,则默认为升序排列 */
        ziduan[lenzd]='\0';
    else
        ziduan[lenzd-1]='\0';
    if(ch=='a'||ch=='@'||ch=='d'||ch=='D'||ch=='A')   /* 调用 PxDbms 函数进行排序 */
        PxDbms(ziduan,ch,&com1,&len1);
    else
        printf("语法错误!\n");
loop: ;
}
```

(11) 关闭数据库函数模块。

用 fopen 以读写的方式打开指定文件,若文件不存在,则创建文件。之后用嵌套 for 循环 fprintf 将数据库中的数据以字符串写入文件。最后关闭文件,并将各变量格式化。

```
void CloseDbms(char secondinput[],int * com,int * len,char mem[],char bian[])
                                                      /* 关闭函数 */
{
    FILE * fp;
    int i,j;
    fp=fopen(secondinput,"w+");                       /* 以读写的方式打开指定的文件 */
    for(i=0;i< * len-1;i++)                           /* 向指定的数据库文件写内容 */
    {
        for(j=0;j< * com;j++)
            fprintf(fp,"%s",wj[i][j].data);
        fputc('\n',fp);
    }
    for(i=0;i< * com;i++)
        fprintf(fp,"%s",wj[ * len-1][i].data);
    fclose(fp);
    memset(wj,'\0',sizeof(wj));   /* 向数据库文件写完内容后对以下数组进行初始化 */
    memset(mem,'\0',sizeof(mem));
    memset(bian,'\0',sizeof(bian));
    * len=0;                                          /* 对 wj 数组的行与列进行初始化 */
    * com=0;
}
```

(12) 主函数模块。

首先声明一些必要的变量,调用帮助菜单,然后做一个 while 循环程序,直至用户输入完全结束,循环体内通过依次匹配字符串判定用户输入的命令,并调用相应函数模块进行操作。其中比较复杂的是创建数据库。若用户命令为 creat 创建数据库,首先读入数据库名，然后创建数据库并将内存地址赋给 handle，再调用创建数据库函数 Create_DbmsStruct()在内存中创建数据库，之后循环将内存中的数据写入指定文件。最后调用 Open_Dbms 函数，打开该数据库，方便进行下一步操作。

```
int main()
{
    DbmsLinklist * database[1100];                          /* 创建库结构 */
    char input[1100],append[1100];                          /* 存放命令字符串 */
    int i,l=0,l1=0,num=0, handle,length=1,fangwen=0,visit[110]={0};
    int continue1=0;
    int go;                     /* 当执行 go 命令时存储当前所指向的记录 */
    char error[110];            /* 接收错误命令后面的命令字符串 */
    char link1[110];
    char value1[110];
    char zd1[110];
    char lx1[110];
    char mem[110];              /* 分别存储文件的每一行,再复制给 wj 数组 */
    int len=0;                  /* wj 数组的行数,也就是数据库中的记录数目 */
    int lie=0;
    int com=0;                  /* 记录 wj 的列数 */
    int bianlen,fanlen=0;
    char bian[100];             /* 自动生成的编号转换为相对应的字符串 */
    char fabian[100];           /* 反向存储 bian 数组 */
    FILE * fp;
    char secondinput[1100];
    HelpDbms();
    printf(".");
    while(scanf("%s",input)!=EOF)      /* 连续输入,一直输入到文件尾结束 */
    {
        if(strcmp(input,"creat")==0)  /* 如果输入命令为"creat",则创建数据库文件 */
        {
            scanf("%s",secondinput);                        /* 输入数据库的名称 */
            handle=creat(secondinput, S_IREAD | S_IWRITE); /* 创建数据库文件 */
            CreateDbmsStruct(database,&length);
                              /* 调用 CreateDbmsStruct 函数向数据库添加字段 */
            for(i=0;i<length;i++)             /* 向数据库文件中追加类型 */
                write(handle, database[i]->data, strlen(database[i]->data));
            printf("\n");
            goto loop5;                       /* 跳转到 loop5 位置 */
        }
        else if(strcmp(input,"quit")==0)      /* 退出系统 */
        {
            printf("谢谢使用!\n");
            break;
```

```
}
else if(strcmp(input,"help")==0)          /*调用 help 函数显示帮助文档*/
{
    HelpDbms();
}
else if(strcmp(input,"use")==0)           /*打开数据库命令*/
{
    scanf("%s",secondinput);
    if((fp=fopen(secondinput,"r"))==NULL)
                                           /*判断数据库在本地磁盘是否存在*/
    {
        printf("数据库不存在！\n");
        printf(".");
        continue;
    }
    else                                   /*如果存在,则打开该数据库*/
    {
        loop5:
        printf("数据库已成功打开！\n");
        OpenDbms(secondinput,&com,&len, bian, fabian);
    }
    printf(".");
    scanf("%s",append);           /*数据库打开成功后输入操作数据库的命令*/
    while(1)
    {
        if(strcmp(append,"/use")==0)               /*关闭数据库*/
        {
            CloseDbms(secondinput,&com,&len,mem,bian);
            printf("数据库成功关闭！");
            break;
        }
        else if(strcmp(append,"append")==0)        /*向数据库追加内容*/
            AppendDbms(bian,fanlen,fabian,bianlen,&com,&len);
        else if(strcmp(append,"brows")==0)         /*浏览数据库*/
            DisplayDbms(mem,&com,&len);
        else if(strcmp(append,"go")==0)    /*执行 go 命令定位指定的行数*/
            scanf("%d",&go);
        else if(strcmp(append,"disp")==0||strcmp(append,"DISP")==0)
                                           /*浏览 go 命令*/
            DispGo(go,&com,&len);          /*所定位的行*/
        else if(strcmp(append,"delete")==0||strcmp(append,"DELETE")==0)
            DeleteDbms(mem,&com,&len);     /*按条件删除数据库所匹配的行*/
        else if(strcmp(append,"zap")==0||strcmp(append,"ZAP")==0)
```

```
{                              /* 将数据库的内容全部删除,只保留库结构 */
    len=1;
    printf("表中记录已经全部删除!\n");
}
else if(strcmp(append,"locate")==0||strcmp(append,"LOCATE")==0)
{                                        /* 按条件查找数据库所匹配的行 */
    scanf("%s%s",link1,value1);
    continue1=0;
    memset(visit,0,sizeof(visit));
    LocateDbms( link1, value1, visit , lx1, zd1, &continue1, &com,
        &len,&fangwen);
    continue1=1;
}
else if(strcmp(append,"continue")==0||strcmp(append,"CONTINUE")==0)
{
    if(fangwen==0)
          /* continue 与 locate 命令搭配使用,查找符合条件的下一行 */
        printf("continue 命令必须和 locate 命令搭配使用!\n");
    else
    {
        continue1=1;
        LocateDbms(link1, value1, visit , lx1, zd1, &continue1, &com,
            &len,&fangwen);
        continue1=0;
    }
}
else if(strcmp(append,"change")==0||strcmp(append,"CHANGE")==0)
    ChangeDbms(mem,&com,&len);          /* 修改符合条件的一行 */
else if(strcmp(append,"sort")==0)
                                     /* 按条件对数据库的内容进行排序 */
    SortDbms( &com,&len);
else if(strcmp(append,"help")==0)       /* 打开帮助文档 */
    HelpDbms();
else if(strcmp(input,"quit")==0)        /* 退出系统 */
{
    printf("谢谢使用!\n");
    break;
}
else
    printf("您输入的命令符错误!请重新输入\n");
printf(".");
scanf("%s",append);
}
```

```
            }
            else
        {
            scanf("%s",error);                          /* 接收错误命令后面的字符串 */
            printf("您输入的命令符错误！请重新输入");

        }
        printf("\n");
    }
    return 0;
}
```

注意：本课程设计的详细代码存放于光盘26dbms.c文件中。

5. 运行与测试

以工资管理为例，创建数据库，定义字段工资号、姓名、工资额，其类型分别为string、int和double。进行如下操作，实现基本功能。

运行程序后，显示帮助信息，光标闪烁，等待用户输入命令。

使用creat命令创建数据库，定义字段及其类型。界面如下：

```
.creat 工资.txt
.请输入字段 1 的名称 以 '$' 结束输入
.工资号
.请输入字段 1 的类型(string , int , double)
string
.请输入字段 2 的名称 以 '$' 结束输入
.姓名
.请输入字段 2 的类型(string , int , double)
string
.请输入字段 3 的名称 以 '$' 结束输入
.工资额
.请输入字段 3 的类型(string , int , double)
int
.请输入字段 4 的名称 以 '$' 结束输入
.$
编号 (char)    工资号 (string)    姓名 (string)    工资额 (int)
数据库已成功打开!
.
```

使用Append命令追加数据，根据提示依次输入相应数据。界面如下：

```
.append
请输入: 工资号 001
请输入: 姓名 杨慧
请输入: 工资额 2000
该数据添加成功!
.append
请输入: 工资号 002
请输入: 姓名 李刚
请输入: 工资额 3200
该数据添加成功!
.append
请输入: 工资号 003
请输入: 姓名 赵建国
请输入: 工资额 1200
该数据添加成功!
.
```

使用 Brows 命令浏览数据库信息。界面如下：

```
.brows
*************************
编号   工资号 姓名   工资额
*************************
1      001    杨慧   2000
*************************
2      002    李刚   3200
*************************
3      003    赵建国 1200
*************************
.
```

使用 go 命令进行定位，disp 命令浏览定位信息。界面如下：

```
.go 2
.disp
*************************
编号  工资号姓名  工资额
*************************
2      002    李刚   3200
*************************
.
```

使用 locate for 命令，按条件定位数据。界面如下：

```
.locate for 姓名="杨慧"
*************************
编号  工资号姓名  工资额
*************************
1      001       杨慧      2000
*************************
.
```

使用 delete for 命令，按条件删除数据，然后用 brows 命令显示结果。界面如下：

```
.delete for 工资号="001"
删除成功!
.brows
*************************
编号   工资号 姓名   工资额
*************************
2      002    李刚   3200
*************************
3      003    赵建国 1200
*************************
.
```

使用 sort on 命令，按字段进行排序，默认为升序排序。界面如下：

```
.sort on 工资额
.brows
*************************
编号   工资号 姓名   工资额
*************************
3      003    赵建国 1200
*************************
2      002    李刚   3200
*************************
.
```

降序排序界面：

```
.sort on 工资额/d
.brows
************************
编号    工资号 姓名    工资额
************************
2       002     李刚    3200
************************
3       003     赵建国 1200
************************
.
```

使用 change for 命令,按条件修改数据,根据提示输入新数据。界面如下:

```
.change for 姓名="李刚"
请输入编号的值:
2 -> 1
请输入工资号的值:
002 -> 002
请输入姓名的值:
李刚 -> 王霞
请输入工资额的值:
3200 -> 2400
字段修改成功!
.brows
************************
编号    工资号 姓名    工资额
************************
1       002     王霞    2400
************************
3       003     赵建国 1200
************************
.
```

使用 zap 命令删除数据库中的全部数据,字段不改变。界面如下:

```
.zap
表中记录已经全部删除!
.brows
************************
编号    工资号 姓名    工资额
************************
.
```

使用/use 命令关闭数据库。界面如下:

```
./use
数据库成功关闭!
```

使用 Quit 命令退出系统。界面如下:

```
quit
谢谢使用!
Press any key to continue
```

6. 总结与思考

本课程设计综合运用了线性表和文件等相关知识,实现了 FoxBASE 数据库的基本功能。该模拟仿真系统的设计与开发,不但能加深对数据库系统的认识和理解,更能掌握数据库系统的实质,有利于快速提高学生的编程能力,特别是设计开发较大规模程序的水平,所以这是一个值得研究的综合应用实例。

CHAPTER 3

第3章　栈的应用

3.1　存储结构与基本运算的算法

1. 顺序栈

采用顺序存储结构的栈简称顺序栈。

(1) 顺序栈的C语言描述如下(存放于seqstack.h文件中)：

```
typedef struct                      /*顺序栈定义*/
{
    DataType data[MAXNUM];          /*存放栈的数据元素*/
    int top;                        /*栈顶指针,用来存放栈顶元素在数组中的下标*/
}SeqStack;
```

(2) 基本运算的算法如下(存放于seqstack.c文件中)：

① 置空栈。

```
void SStackSetNull(SeqStack *s)            /*置空栈*/
{
    s->top=-1;
}
```

② 判栈空。

```
int SStackIsEmpty(SeqStack *s)  /*判断栈S是否为空栈,为空栈时返回值为真,反之为假*/
{
    return(s->top<0?TRUE:FALSE);
}
```

③ 进栈。

```
int SStackPush(SeqStack *s,DataType x)
{
    if(s->top==MAXNUM-1)
    {
        printf("栈上溢出!\n");
        return FALSE;
    }
```

```
    else
    {
        s->top=s->top+ 1;
        s->data[s->top]=x;
        return TRUE;
    }
}
```

④ 出栈。

```
int SStackPop(SeqStack * s,DataType * x)
{
    if(s->top==-1)
    {
        printf("栈下溢出!\n");
        return FALSE;
    }
    else
    {
        * x=s->data[s->top];
        s->top--;
        return TRUE;
    }
}
```

⑤ 读栈顶。

```
DataType SStackGetTop(SeqStack * s)
{
    if(s->top==-1)
    {
        printf("栈下溢出!\n");
        return FALSE;
    }
    else
        return(s->data[s->top]);
}
```

⑥ 输出栈。

```
void SStackPrint(SeqStack * s)
{
    int p;
    if(SStackIsEmpty(s)==TRUE)
        printf("栈空!\n\n");
    else
    {
```

```
        printf("栈数据元素如下:\n\n");
        p=s->top;
        while(p>=0)
        {
            printf("%d\n",s->data[p]);
            p--;
        }
        printf("\n\n");
    }
}
```

⑦ 判断栈满。

```
int SStackIsFull(SeqStack * s)              /* 栈 S 为满栈时返回值为真,反之为假 */
{
    return(s->top==MAXNUM-1?TRUE:FALSE);
}
```

⑧ 顺序栈运算的综合实例。

存放于 31mainseqstack.c 文件中。

```
#include "consts.h"
typedef int DataType;
#define MAXNUM 100
#include "seqstack.h"
#include "seqstack.c"
int main(int argc,char * argv[])
{
    DataType x;
    SeqStack ss;
    int read=0;
    do
    {
        puts("         关于顺序栈的操作\n");
        puts("         =======================\n");
        puts("         1 ------置空栈");
        puts("         2 ------入栈");
        puts("         3 ------出栈");
        puts("         4 ------输出");
        puts("         0 ------退出");
        printf("       请选择代号(0-4)");
        scanf("%d",&read);
        printf("\n");
        switch(read)
        {
            case 1: SStackSetNull(&ss);
```

```
                break;
            case 2: printf("     输入入栈数据元素:");
                scanf("%d",&x);
                SStackPush(&ss,x);
                break;
            case 3: if(SStackPop(&ss,&x)!=FALSE)
                    printf("     出栈数据元素是: %d\n",x);
                break;
            case 4: SStackPrint(&ss);
                break;
            case 0: read=0 ;
                break;
        }
    }while(read!=0 );
    return 0;
}
```

2. 链栈

链栈是指采用链式存储结构实现的栈。为了便于操作,采用带头结点的单链表实现栈,将表头作为栈顶,则链表的表头指针即为栈顶指针。

(1) 链栈的C语言描述如下(存放于linkstack.h文件中):

```
typedef struct node
{
    DataType data;                                  /* 数据域 */
    struct node * next;                             /* 指针域 */
}LinkStack;                                         /* 链栈结点类型 */
```

(2) 基本运算的算法如下(存放于linkstack.c文件中):

① 置空栈。

```
LinkStack * LStackInit()                            /* 初始化链栈 */
{
    LinkStack * h;
    h=(LinkStack * )malloc(sizeof(LinkStack));
    h->data=1;
    h->next=NULL;
    return h;
}
```

② 判栈空。

```
int LStackIsEmpty(LinkStack * ls)                   /* 判别空栈 */
{
    return (ls->next?FALSE:TRUE);
```

```
}
```

③ 进栈。

```
LinkStack * LStackPush(LinkStack * ls,DataType x)   /* 入栈 */
{
    LinkStack * p;
    p=(LinkStack *)malloc(sizeof(LinkStack));       /* 分配空间 */
    p->data=x;                                      /* 设置新结点的值 */
    p->next=ls;                                     /* 将新元素插入栈中 */
    ls=p;                                           /* 将新元素设为栈顶元素 */
    return ls;
}
```

④ 出栈。

```
DataType LStackGetTop(LinkStack * ls)               /* 取栈顶元素 */
{
    if(!ls)
    {
        printf("\n 栈是空的!");
        return ERROR;
    }
return ls->data;
}
```

⑤ 读栈顶。

```
LinkStack * LStackPop(LinkStack * ls,DataType * e)  /* 出栈 */
{
    LinkStack * p;
    if(!ls)                                         /* 判断是否为空栈 */
    {
        printf("\n 链栈是空的!");
        return NULL;
    }
    p=ls;                                           /* 指向被删除的栈顶 */
    * e=p->data;                                    /* 返回栈顶元素 */
    ls=ls->next;                                    /* 修改栈顶指针 */
    free(p);
    return ls;
}
```

⑥ 链栈运算实例。

存放于 31mainlinkstack.c 文件中。

```
#include "consts.h"
```

```
typedef int DataType;
#include "linkstack.h"
#include "linkstack.c"
int main(int argc,char * argv[])
{
    int a[5]={1,2,3,4,5},i,isEmtpy;
    LinkStack * linkStack;
    DataType tmp;
    linkStack =LStackInit();                          /* 初始化链栈 */
    printf("\n 依次向链栈内压入 1,2,3,4,5!\n" );
    for(i=1;i<5;i++)
        linkStack=LStackPush(linkStack,a[i]);
    printf("栈顶元素为:");
    printf("%d\n",LStackGetTop(linkStack));
    linkStack=LStackPop(linkStack,&tmp);              /* 栈顶元素出栈 */
    printf("出栈后的栈顶元素是:");
    printf("%d\n",LStackGetTop(linkStack));
    isEmtpy =LStackIsEmpty(linkStack);                /* 判断是否为空栈 */
    if(isEmtpy==0)
        printf("当前链栈为非空链栈!\n");
    else
        printf("当前链栈为空链栈!\n");
    return 0;
}
```

3.2 括号匹配

1. 问题描述

设某一算术表达式中包含圆括号、方括号或花括号三种类型的括号,编写一个算法判断其中的括号是否匹配。

2. 设计要求

(1) 程序对所输入的表达式能给出适当的提示信息,表达式中包含括号,括号分为圆括号、方括号和花括号三种类型。

(2) 允许使用四则混合运算(+、-、* 和/),以及包含变量的算术表达式。

(3) 只验证表达式中的括号是否匹配(圆括号、方括号和花括号三种类型),并给出验证结果。

3. 数据结构

本课程设计使用的数据结构是栈,利用顺序栈来实现。

4. 分析与实现

在算术表达式中，通常包含数字符号、运算符以及括号(圆括号、方括号和花括号三种类型)。本题的解决关键在于对各种括号符号的处理。本实例使用一个运算符栈 st，逐个读入字符，当遇到“(”、“[”或“{”时括号入栈，当遇到“}”、“]”或“}”时判断栈顶指针是否为匹配的括号，若不是则括号不匹配，算法结束；若是则退栈，继续读取下一个字符，直到所有字符读完为止，若栈是空栈，则说明括号是匹配的，否则括号不匹配。

具体代码如下：

```
#include "consts.h"
typedef char DataType;
#define MAXNUM 100
#include "seqstack.h"
#include "seqstack.c"
int IsCorrect(char * str)
{
    SeqStack st;
    char x;
    int i,flag=TRUE;
    SStackSetNull(&st);
    for(i=0;str[i]!='\0';i++)                /* 从字符串的第一个字符开始,逐个判断 */
    {
        switch(str[i])
        {
            case '(': SStackPush(&st,'(');                    /* 如果是"(",入栈 */
                    break;
            case '[': SStackPush(&st,'[');                    /* 如果是"[",入栈 */
                    break;
            case '{': SStackPush(&st,'{');                    /* 如果是"{",入栈 */
                    break;
            case ')': if(!(SStackPop(&st,&x) && x=='('))     /* 如果是")",则"("出栈 */
                    flag=FALSE;
                    break;
            case ']': if(!(SStackPop(&st, &x) && x=='['))    /* 如果是"]",则"["出栈 */
                        flag=FALSE;
                    break;
            case '}': if(!(SStackPop(&st, &x) && x=='{'))    /* 如果是"}",则"{"出栈 */
                        flag=FALSE;
                    break;
        }
        if(!flag)
            break;
```

```
    }
    if(SStackIsEmpty(&st)&&flag)                    /* 如果最后栈为空,则括号匹配 */
        return TRUE;
    else
        return FALSE;
}
int main(int argc,char * argv[])
{
    char * str;
    str=(char * )malloc(100 * sizeof(char));
    printf("请输入带括号(()、[]和{})的表达式:\n");
    while(scanf("%s",str)&&strcmp(str,"#"))
    {
        if(IsCorrect(str))
            printf("表达式括号匹配\n");
        else
            printf("表达式括号不匹配\n");
    }
    return 0;
}
```

注意:本课程设计的详细代码存放于光盘 32bracketmatch.c 文件中。

5. 运行与测试

```
请输入带括号(()、[]和{})的表达式:
34+(2+3)
表达式括号匹配
45-(3*4
表达式括号不匹配
54-([6+7})
表达式括号不匹配
```

6. 总结与思考

括号匹配问题是栈的典型应用,算法简单易懂,读者应上机具体实现,才能提高编程能力。

本实例是采用顺序栈作为存储结构具体实现的,在实例中考虑了算术表达式中包含圆括号、方括号和花括号三种类型括号的情况,读者可以考虑简化到一种括号程序该怎样写;也可以考虑把问题进一步复杂化该如何实现。

本实例只给出了括号匹配的一种实现方式,读者可以考虑用其他方法实现,通过不同的实现方式练习可开阔思路,达到触类旁通、举一反三的目的。

3.3 汉诺塔问题

1. 问题描述

设有三个分别命名为X、Y和Z的塔座，在塔座X上插有n个直径各不相同，从小到大依次编号1、2、…、n的圆盘，现要求将X塔座上的n个圆盘移到塔座Z上，并插在X、Y和Z中任一塔座；任何时候都不允许将较大的圆盘放在较小的圆盘之上。

2. 设计要求

(1) 程序要求用户输入初始圆盘数。
(2) 输出所有的移动过程。

3. 数据结构

本课程设计使用的数据结构是栈，利用顺序栈来实现。

4. 分析与实现

汉诺塔(又称河内塔)问题是印度的一个古老传说。开天辟地的神勃拉玛在一个庙里留下了三根金刚石棒，第一根上面套着64个圆的金片，最大的一个在底下，其余一个比一个小，依次叠上去，庙里的众僧不倦地把它们一个个地从这根棒搬到另一根棒上，规定可利用中间的一根棒作为帮助，但每次只能搬一个，而且大的不能放在小的上面。解答结果请自己进行计算，面对庞大的数字(移动圆片的次数)，看来众僧们耗尽毕生精力也不可能完成金片的移动。

后来，这个传说就演变为汉诺塔游戏：

(1) 有三根杆子X、Y和Z。X杆上按从小到大依次放置若干大小不等的盘子；
(2) 每次只能移动一个盘子，大的不能放在小的上面；
(3) 把所有盘子从X杆全部移到Z杆上，可借助中间Y杆。

经过研究发现，汉诺塔的破解很简单，就是按照移动规则向一个方向移动盘子。

如3阶汉诺塔的移动：X→Z，X→Y，Z→Y，X→Z，Y→X，Y→Z，X→Z。

在这里采用一种非递归的算法实现。

实现本实例的栈的结构如下：

```
#include "consts.h"
#define MAXNUM 50
typedef struct                    /* hanoi 结构体 */
{
    int no;                       /* no 为 hanoi 标志 */
    int ns;                       /* ns 为 hanoi 盘子序号 */
    char x,y,z;                   /* x,y,z 分别为三个 hanoi 塔座 */
}Stack;
```

这里用结构体数组来模拟栈的结构，其中 no 为一种标记，当 no 值为 0 时表示可直接移动一个圆盘，当 no 值为 1 时表示需进一步分解；ns 表示当前圆盘数；X，Y 和 Z 表示三个塔座。由此得到 hanoi 函数，此函数将 X 塔座上的 n 个盘子借助于 Y 塔座按自下向上从大到小的顺序转移到 Z 塔座上。在此过程中用后进先出的数据结构——栈，模拟借助 Y 塔座向 Z 塔座转移的过程。

实现的具体程序如下：

```
void Hanoi(Stack st[],int n,char a,char b,char c)   /* hanoi 移动程序 */
{
    int top=1;                                      /* top 为栈顶指针 */
    int n1;                                         /* n1 为当前盘子序号 */
    char a1,b1,c1;                                  /* a1,b1,c1 为临时塔座 */
    st[top].no=1;
    st[top].ns=n;
    st[top].x=a;
    st[top].y=b;
    st[top].z=c;
    while(top>0)
    {
        if(st[top].no==1)
        {
            n1=st[top].ns;                          /* 退栈 hanoi(n,x,y,z) */
            a1=st[top].x;
            b1=st[top].y;
            c1=st[top].z;
            top--;
            top++;                                  /* 将 hanoi(n-1,x,z,y)入栈 */
            st[top].no=1;
            st[top].ns=n1-1;
            st[top].x=b1;
            st[top].y=a1;
            st[top].z=c1;
            top++;                                  /* 将第 n 个圆盘从 x 移到 z */
            st[top].no=0;
            st[top].ns=n1;
            st[top].x=a1;
            st[top].y=c1;
            top++;                                  /* hanoi(n-1,y,x,z)入栈 */
            st[top].no=1;
            st[top].ns=n1-1;
            st[top].x=a1;
            st[top].y=c1;
            st[top].z=b1;
        }
```

```
        while(top>0 && (st[top].no==0||st[top].ns==1))
        {
            if(top>0 && st[top].no==0 )          /* 将第 n 个圆盘从 X 移到 Z 并退栈 */
            {
                printf("\t 将第%d 个盘片从%c 移动到%c\n",st[top].ns,st[top].x,st
                        [top].y);
                top--;
            }
            if(top>0 && st[top].ns==1)           /* Hanoi(1,x,y,z)退栈 */
            {
                printf("\t 将第%d 个盘片从%c 移动到%c\n",st[top].ns,st[top].x,st[top].z);
                top--;
            }
        }
    }
}
int main(int argc,char * argv[])
{
    int n=-1;
    Stack st[MAXNUM];
    printf("请输入汉诺塔中盘子个数:\n",n);
    scanf("%d",&n);
    printf("hanoi(%d)的移动过程为:\n",n);
    Hanoi(st,n,'x','y','z');
    return 0;
}
```

注意：本课程设计的详细代码存放于光盘 33hanoi.c 文件中。

5. 运行与测试

```
请输入汉诺塔中盘子个数:
3
hanoi(3)的移动过程为:
        将第1个盘片从x移动到z
        将第2个盘片从x移动到y
        将第1个盘片从z移动到y
        将第3个盘片从x移动到z
        将第1个盘片从y移动到x
        将第2个盘片从y移动到z
        将第1个盘片从x移动到z
请按任意键继续. . .
```

6. 总结与思考

汉诺塔问题是程序设计中比较典型的一个实例，可以采用递归和非递归两类算法实现，本实例采用的是顺序栈的存储结构具体实现的，属于汉诺塔问题的非递归算法，读者可以考虑采用递归算法加以实现。

在汉诺塔问题中，盘子的移动过程比较复杂，所以建议读者在运行程序时输入的盘子数不要太大，以便验证程序运行的结果。

3.4 算术表达式求值

1. 问题描述

从键盘上输入中缀算术表达式，包括圆括号，计算出表达式的值。

2. 设计要求

(1) 程序对所输入的表达式作简单的判断，如表达式有错，能给出适当的提示。

(2) 实现算术四则混合运算(+、-、* 和/)，不含变量的整数表达式。

(3) 能处理双目运算符：+和-。

3. 数据结构

本课程设计使用的数据结构是栈，利用顺序栈来实现。

4. 分析与实现

人们在书写表达式时通常采用的是中缀表达式。然而在计算机处理表达式方面，中缀表达式的效率远远低于另外一种表示形式，即后缀表达式。也称逆波兰式，即将操作数写在前面，而把运算符写在后面。例如：

中缀表达式	后缀表达式
① A	A
② A+B	AB+
③ A+B*C	ABC*+
④ A*(B-C)+D	ABC-*D+
⑤ D+A/(B-C)	DABC-/+

后缀表达式计算时，所有运算按运算符出现的顺序，严格从左向右，每个运算符取其前面的两个操作数，运算后的结果仍作为下次的操作数，这样做与中缀表达式计算严格等价，即计算次序和结果完全相同，并且不再使用括号。逆波兰式的特点在于运算对象(操作数)顺序不变，运算符号位置反映运算顺序。采用逆波兰式可以很好地表示简单算术表达式，其优点在于易于计算机处理表达式。因此，对于算术表达式计算问题进行分解，先将中缀表达式转换为后缀表达式，再对后缀表达式计算。

(1) 中缀表达式转换为后缀表达式。

如何将一个中缀表达式转换成后缀表达式呢？下面来分析一下。先假定在算术表达式中只含有四则运算，操作数是在10以内的整数，没有括号。设有中缀表达式4+2*3，它对应的后缀表达式为4 2 3*+。在扫描到中缀表达式中的2后，不能立即输出“+”运算，因为“*”具有较高的优先级，必须先运算，因此先要保存“+”。即新扫描到的运算符，其优先级必须与前一个运算符的优先级做比较，如果新的运算符优先级高，就要像前一个运算符那样保存它，直到扫描到第二个操作数，并将它输出后才能将该运算符输出。被保存运算符的特点是后保存的运算符先输出，正好可以用我们学过的“栈”这种数据结构来实现。

如果在中缀表达式中含有圆括号，那么由于圆括号隔离了优先级规则，它在整个表达式的内部产生了完全独立的子表达式，因此，前面的算法就需要有所改变。当扫描到一个左括号时，需要将其压入栈中；当扫描到一个右括号时，就需要将从栈顶到最近入栈左括号之间的所有运算符全部出栈。

综上分析，中缀表达式转换为后缀表达式的算法思想如下：

顺序扫描中缀算术表达式，当读到操作数时直接将其存入数组中；当读到运算符时，将栈中所有优先级高于或等于该运算符的运算符出栈，存入数组中，再将当前运算符入栈；当读到左括号时，即入栈；当读到右括号时，将靠近栈顶的第一个左括号上面的所有运算符全部出栈，存入数组中，再将栈中左括号出栈。

具体实现算法如下：

```
#include "consts.h"
typedef int DataType;
#define MAXNUM 100
#include "seqstack.h"
#include "seqstack.c"
int InfixtoSuffix(char * infix,char * suffix)          /* 转换表达式顺序，输出 */
{          /* 将中缀表达式转换为后缀表达式，返回 true;若中缀表达式非法，则返回 false */
   int state=FALSE;
                    /* state 记录状态，true 表示刚读入的是数字，false 表示不是数字 */
   char c,c2;
   int i,j=0;
   SeqStack ps ;
   SeqSetNull(&ps);                           /* 运算符栈初始化 */
   if(infix[0]=='\0')
       return FALSE;                          /* 不允许出现空表达式 */
   for(i=0;infix[i]!='\0';i++)                /* 逐个读入表达式 */
   {
       c=infix[i];
       switch(c)                              /* 判断并处理表达式字符 */
       {
           case ' ':
           case '\t':
           case '\n': if(state_int==TRUE)
                  suffix[j++]=' ';  /* 状态从 true 转换为 false 时输出一个空格 */
                  state=FALSE;
                  break;                      /* 遇到空格或制表符忽略 */
           case '0':
```

```
case '1':
case '2':
case '3':
case '4':
case '5':
case '6':
case '7':
case '8':
case '9': state=TRUE;
          suffix[j++]=c;          /* 遇到数字输出 */
          break;
case '(': if(state==TRUE)
              suffix[j++]=' ';
                              /* 状态从 true 转换为 false 时输出一个空格 */
          state=FALSE;
          SeqPush(&ps,c);         /* 遇到左括号,入栈 */
          break;
case ')': if(state==TRUE)
             suffix[j++]=' '; /* 状态从 true 转换为 false 时输出一个空格 */
          state=FALSE;
          c2=')';
          while(!SeqEmpty(&ps))  /* 判断界限符号是否匹配 */
          {
            c2=SeqGetTop(&ps);   /* 取栈顶 */
            SeqPop(&ps,&c2);     /* 出栈 */
            if(c2=='(') break;   /* 找到靠近栈顶的第一个左括号,跳出 */
            suffix[j++]=c2;
          }
        if(c2!='(')
        {
              free(&ps);
              suffix[j++]='\0';
              return FALSE;
        } break;
case '+':
case '-': if(state==TRUE)   /* 状态从 true 转换为 false 时输出一个空格 */
             suffix[j++]=' ';
           state=FALSE;
           while(!SeqEmpty(&ps))
           {
               c2=SeqGetTop(&ps);
               if(c2=='+'||c2=='-'||c2=='*'||c2=='/')
               {
                   SeqPop(&ps,&c2);
```

```
                /* 将所有运算符出栈,存入数组,其中+、-是优先级最低的运算 */
                    suffix[j++]=c2;
                }
                else
                    if(c2=='(') break; /* 找到靠近栈顶的第一个左括号,弹出 */
            }
            SeqPush(&ps,c); break;     /* 将当前运算符压入栈 */
    case '*':
    case '/': if(state==TRUE)   /* 状态从 true 转换为 false 时输出一个空格 */
                  suffix[j++]=' ';
              state=FALSE;
              while(!SeqEmpty(&ps))
              {
                  c2=SeqGetTop(&ps);
                  if(c2=='*'||c2=='/')  /* 将所有*、/运算符出栈,存入数组 */
                  {
                      SeqPop(&ps,&c2);
                      suffix[j++]=c2;
                  }
                  else
                      if(c2=='+'||c2=='-'||c2=='(')
                          break;
              }
              SeqPush(&ps, c);
              break;                     /* 将当前运算符压入栈 */
    default: free(&ps);
             suffix[j++]='\0';
             return FALSE;
    }
}
if(state==TRUE)                   /* 状态从 true 转换为 false 时输出一个空格 */
    suffix[j++]=' ';
while(!SeqEmpty(&ps))
{
    c2=SeqGetTop(&ps);
    SeqPop(&ps,&c2);
    if(c2=='(')
    {
        free(&ps);
        suffix[j++]='\0';
        return FALSE;
    }
    suffix[j++]=c2;
}
```

```
    free(&ps);
    suffix[j++]='\0';
    return TRUE;
}
```

(2) 后缀表达式的计算。

对于后缀表达式来说，仅使用一个自然规则，即从左到右顺序完成计算。后缀表达式计算的算法思想如下：

通过上面由中缀表达式转换为后缀表达式，已经将后缀表达式存放于数组中，并且项与项之间用空格分隔，因此，顺序扫描表达式的每一项，若该项是操作数，则将其压入栈；若该项是运算符<op>，则连续从栈中出栈两个操作数 a2 和 a1，形成运算指令 a1<op>a2，并将计算结果重新压入栈中。当表达式的所有项都扫描并处理完毕后，栈顶存放的就是最后的计算结果。

具体实现算法如下：

```
int CalculateSuffix(char * suffix, char * presult)          /* 计算表达式的值 */
{
    int state=FALSE;
    char num='0',num1,num2;
    int i;
    char c;
    SeqStack ps ;
    SeqSetNull(&ps);
    for(i=0;suffix[i]!='\0';i++)
    {
        c=suffix[i];
        switch(c)
        {
            case '0':
            case '1':
            case '2':
            case '3':
            case '4':
            case '5':
            case '6':
            case '7':
            case '8':
            case '9': if(state==TRUE)
                        num=num * 10+c-'0';                  /* 将数字转化成数值 */
                      else
                        num=c-'0';
                      state=TRUE;
                      break;
```

```
        case ' ':
        case '\t':
        case '\n': if(state==TRUE)                   /*将结果压入栈*/
                {
                    SeqPush(&ps,num);
                    state=FALSE;
                }
                break;
        case '+':
        case '-':
        case '*':
        case '/': if(state==TRUE)                    /*将操作数压入栈*/
                {
                    SeqPush(&ps, num);
                    state=FALSE;
                }
                if(SeqEmpty(&ps))                    /*如果栈为空,返回错误*/
                {
                    free(&ps);
                    return FALSE;
                }
                num2=SeqGetTop(&ps);
                SeqPop(&ps,&num2);                   /*弹出一个操作数*/
                if(SeqEmpty(&ps))                    /*如果栈为空,返回错误*/
                {
                    free(&ps);
                    return FALSE;
                }
                num1=SeqGetTop(&ps);
                SeqPop(&ps,&num1);                   /*弹出另一个操作数*/
                if(c=='+')                           /*两个操作数进行运算*/
                    SeqPush(&ps, num1+num2);
                if(c=='-')
                    SeqPush(&ps, num1-num2);
                if(c=='*')
                    SeqPush(&ps, num1*num2);
                if(c=='/')
                    SeqPush(&ps, num1/num2);
                break;
        default: free(&ps);
                return FALSE;
    }
}
```

```
    *presult=SeqGetTop(&ps);                          /*得到计算结果*/
    SeqPop(&ps,presult);
    if(!SeqEmpty(&ps))                                /*栈不为空,返回错误*/
    {
        free(&ps);
        return FALSE;
    }
    free(&ps);
    return TRUE;
}
void getline(char * line,int limit)                   /*读入表达式*/
{
    char c;
    int i=0;
    while(i<limit-1 && (c=getchar())!=EOF && c!='\n')  /*EOF为文件结束标志 -1*/
        line[i++]=c;
    line[i]='\0';
}
int main(int argc,char * argv[])
{
    char c,infix[MAXNUM],suffix[MAXNUM];
    char result[40];
    int flag=TRUE;
    while(flag==TRUE)                                 /*设置循环条件*/
    {
        printf("请输入一个表达式!\n");
        gets(infix);
        if(InfixtoSuffix(infix,suffix)==TRUE)
            printf("该中缀表达式转换成的后缀表达式为:%s\n", suffix);
        else
        {
            printf("无效的中缀表达式!\n");
            printf("\n是否继续?(y/n)");
            scanf("%c",&c);
            if(c=='n'||c=='N')                        /*如果读入n或N,则退出*/
                flag=FALSE;
            while(getchar()!='\n');
                printf("\n");
            continue;
        }
        if(CalcSuffix(suffix,result)==TRUE)
            printf("该表达式的结果为:%d\n",result[0]);
        else
```

```
            printf("无效的后缀表达式!\n");
        printf("\n是否继续?(y/n)");
        scanf("%c", &c);
        if(c=='n'||c=='N')
            flag=FALSE;
        while(getchar()!='\n');
            printf("\n");
    }
    return 0;
}
```

注意：本课程设计的详细代码存放于光盘 34expression.c 文件中。

5. 运行与测试

```
请输入一个表达式!
3+4
该中缀表达式转换成的后缀表达式为:3 4 +
该表达式的结果为:7

是否继续? (y/n)y

请输入一个表达式!
43+5*6
该中缀表达式转换成的后缀表达式为:43 5 6 *+
该表达式的结果为:73

是否继续? (y/n)n
```

6. 总结与思考

在运行程序时，可以给出一些错误的输入，查看程序的运行结果。读者还可以通过使用两个栈直接进行中缀表达式求值。

表达式求值是编译系统中要解决的基本问题，是栈的典型应用，读者应上机具体实现，才能提高对软件的领悟能力。按同样的思路，读者在学习编译原理时，最好自己开发一个简单的编译器，在学习操作系统时，最好实现一个简化版的操作系统。

每个问题都可以有多种实现方式，对于本实例，读者还可以考虑采用二叉树的遍历等方法来实现。通过不同的实现方式的练习可达到融会贯通，举一反三的目的。

3.5 马踏棋盘

1. 问题描述

设计一个国际象棋的马踏遍棋盘的演示程序。

2. 设计要求

(1) 程序的输入：设计程序按要求输入马的初始位置(相应的坐标)。

(2) 程序的输出：程序的设计完成后应给出马从初始位置走遍棋盘的过程，并按照求出的行走路线的顺序，将数字 1，2，…，64 依次填入一个 8×8 的方阵并输出。

3. 数据结构

本课程设计使用的数据结构是栈，利用顺序栈来实现。

4. 分析与实现

所谓马踏棋盘问题，是指将马随机放在国际象棋的 8×8 棋盘的某个方格中，马按走棋规则（马走日字）进行移动。要求每个方格只进入一次，走遍棋盘上全部 64 个方格。由用户自行指定一个马的初始位置，求出马的行走路线，并按照求出的行走路线的顺序，将数字 1、2、…、64 依次填入一个 8×8 的方阵并输出。

从用户给出的初始位置开始判断，按照顺时针顺序，每次产生一个新的路点，并验证此路点的可用性，需要考虑的是当前路点是否超出棋盘范围和此路点是否已经走过。如果新路点可用，则入栈，并执行下一步，重复进行如上步骤，每次按照已走路点的位置生成新路点。如果一个路点的可扩展路点数为 0，进行回溯，直到找到一个马能踏遍棋盘的行走路线并输出。

具体实现算法如下：

```
#include"consts.h"
#define MAXNUM 8                              /*横纵格数最大值*/
#define INVALIDDIR -1                         /*无路可走的情况*/
#define MAXLEN 64                             /*棋盘总格数*/
#define MAXDIR 8                              /*下一步可以走的方向*/
typedef struct
{
    int x;                                    /*表示横坐标*/
    int y;                                    /*表示纵坐标*/
    int direction;                            /*表示移动方向*/
}HorsePoint;
HorsePoint ChessPath[MAXLEN];                 /*模拟路径栈*/
int count;                                    /*入栈结点个数*/
int ChessBoard[MAXNUM][MAXNUM];               /*标志棋盘数组*/
void Initial()                                /*棋盘初始化的函数*/
{
    int i,j;
    for(i=0;i<MAXNUM;i++)
        for(j=0;j<MAXNUM;j++)
            ChessBoard[i][j]=0;               /*棋盘格均初始化为0,表示没走过*/
    for(i=0;i<MAXLEN;i++)
    {
        ChessPath[i].x=0;
        ChessPath[i].y=0;
        ChessPath[i].direction=INVALIDDIR;
```

```
    }
    count=0;                                                /* 栈中最初没有元素 */
}
void PushStack(HorsePoint positon)                          /* 入栈函数 */
{
    ChessBoard[positon.x][positon.y]=1;                     /* 把标志设为 1,证明已走过 */
    ChessPath[count]=positon;                               /* 把标志为 1 的结点入栈 */
    count++;                                                /* 栈中结点个数加 1 */
}
HorsePoint PopStack()                                       /* 出栈函数 */
{
    HorsePoint positon;
    count--;
    positon=ChessPath[count];
    ChessBoard[positon.x][positon.y]=0;
    ChessPath[count].direction=INVALIDDIR;
    return positon;
}
HorsePoint GetInitPoint()                                   /* 输入 horse 的起始坐标 */
{
    HorsePoint positon;
    do
    {
        printf("\n 请输入起始点(y,x):");
        scanf("%d,%d",&positon.x,&positon.y);
        printf("\n 请稍等......\n");
        printf("\n\n");
    }while(positon.x>=MAXNUM||positon.y>=MAXNUM||positon.x<0||positon.y<0);
                                                            /* 不超过各个边缘 */
    positon.direction=INVALIDDIR;                           /* 是初值,没走过 */
    return positon;
}
HorsePoint GetNewPoint(HorsePoint *parent)                  /* 产生新结点函数 */
{
    int i;
    HorsePoint newpoint;
    int tryx[MAXDIR]={1,2,2,1,-1,-2,-2,-1};                 /* 能走的 8 个方向的坐标增量 */
    int tryy[MAXDIR]={-2,-1,1,2,2,1,-1,-2};
    newpoint.direction=INVALIDDIR;                          /* 新结点可走方向初始化 */
    parent->direction=parent->direction++;                  /* 上一结点能走的方向 */
    for(i=parent->direction;i<MAXDIR;i++)
    {
        newpoint.x=parent->x+tryx[i];                       /* 试探新结点的可走方向 */
        newpoint.y=parent->y+tryy[i];
```

```
        if(newpoint.x<MAXNUM&&newpoint.x>=0&&newpoint.y<MAXNUM&&newpoint.y>=0&&
            ChessBoard[newpoint.x][newpoint.y]==0)
        {
            parent->direction=i;                   /*上一结点可走的方向*/
            ChessBoard[newpoint.x][newpoint.y]=1;  /*标记已走过*/
            return newpoint;
        }
    }
    parent->direction=INVALIDDIR;
    return newpoint;
}
void CalcPoint(HorsePoint hh)                      /*计算路径的函数*/
{
    HorsePoint npositon;
    HorsePoint *ppositon;
    Initial();                                     /*调用初始化函数*/
    ppositon=&hh;                                  /*调用输入起始点函数*/
    PushStack(*ppositon);
    while(!(count==0||count==MAXLEN))              /*当路径栈不空或不满时*/
    {
        ppositon=&ChessPath[count-1];              /*指针指向栈*/
        npositon=GetNewPoint(ppositon);            /*产生新结点*/
        if(ppositon->direction!=INVALIDDIR)        /*可以往下走*/
        {
            ChessPath[count-1].direction=ppositon->direction;
            PushStack(npositon);
        }
        else
            PopStack();
    }
}
void PrintChess()                    /*以8×8矩阵的形式输出运行结果*/
{
    int i,j;
    int state[MAXNUM][MAXNUM];       /*state[i][j]为棋盘上(i,j)点被踏过的次序*/
    int step=0;                      /*行走步数初始化*/
    HorsePoint positon;
    count=MAXLEN;
    if(count==MAXLEN)                /*当棋盘全部走过时*/
    {
        for( i=0;i<MAXLEN;i++)
        {
            step++;
            positon=ChessPath[i];
```

```
            state[positon.x][positon.y]=step;
        }
        for(i=0;i<MAXNUM;i++)
        {
            printf("\t\t");
            for(j=0;j<MAXNUM;j++)
            {
                if(state[i][j]<10)
                    printf(" ");
                printf("%d ",state[i][j]);      /* 按顺序输出马踏过的点 */
            }
            printf("\n");
        }
        printf("\n");
    }
    else
        printf("\t\t此时不能踏遍棋盘上所有点!\n");
}
int main(int argc,char * argv[])
{
    HorsePoint h;
    h=GetInitPoint();
    CalcPoint(h);
    PrintChess();
    return 0;
}
```

注意：本课程设计的详细代码存放于光盘 35horsechess.c 文件中。

5. 运行与测试

由于本程序的运行速度很慢，大多数初始位置都需要运行很长的时间，因此这里给出几个运行时间较短的实例，以供参考。

```
请输入起始点(y,x):0,0
请稍等......

                 1 54 39 48 59 44 31 50
                38 47 56 53 32 49 60 43
                55  2 33 40 45 58 51 30
                34 37 46 57 52 25 42 61
                 3 20 35 24 41 62 29 14
                36 23 18 11 26 15  8 63
                19  4 21 16  9  6 13 28
                22 17 10  5 12 27 64  7
```

```
请输入起始点(y,x):2,4

请稍等......

                47 50 45 36 59 52 31 38
                44 35 48 51 32 37 58 53
                49 46 33 60  1 54 39 30
                34 43  2 55 40 25 62 57
                 3 20 41 24 61 56 29 14
                42 23 18 11 26 15  8 63
                19  4 21 16  9  6 13 28
                22 17 10  5 12 27 64  7

请按任意键继续. . .
```

6. 总结与思考

马踏棋盘问题是一个相对比较复杂的问题,大多数初始位置都需要运行很长的时间,所以建议读者在运行程序时耐心等待,以便验证程序运行的结果。

本文采用的是栈的非递归回溯算法。每个算法都可能有多种实现方式,读者可以考虑采用图的深度搜索遍历、递归等其他结构来实现马踏棋盘的过程。

CHAPTER 4

第4章 队列的应用

4.1 存储结构与基本运算的算法

1. 循环队列

采用顺序存储结构的队列简称顺序队列。顺序队列在进行操作时会出现“假溢出”现象，产生该现象的原因是被删除数据元素的存储空间在该元素删除以后就永远使用不到。为了克服这一缺点，可以在每次出队时将整个队列中的剩余元素均向前移动一个位置，其操作与顺序表的删除类似。另一种解决方案是将顺序队列的首尾相连接构成循环向量，称之为循环队列。

(1) 循环队列的C语言描述。

用C语言定义循环队列如下(存放于sequeue.h文件中)：

```
typedef struct                                /* 循环队列类型定义 */
{
    int front,rear;
    DataType data[MAXNUM];
}SeqQueue;
```

(2) 基本运算的算法。

存放于sequeue.c文件中。

① 置空队。

```
SeqQueue * SQueueCreate()                     /* 创建一个空队列 */
{
    SeqQueue * sq= (SeqQueue * )malloc(sizeof(SeqQueue));
    if (sq==NULL)
        printf("溢出!!\n");
    else
        sq->front=q->rear=0;
    return sq;
}
```

② 判队空函数。

```
int SQueueIsEmpty(SeqQueue * sq)              /* 判队列是否为空队列 */
{
```

```
    if(sq->front==sq->rear)
        return TRUE;
    else
        return FALSE;
}
```

③ 进队。

```
void SQueueEnQueue(SeqQueue * sq,DataType x)        /* 循环队列的进队操作,x 进队 */
{
    if((sq->rear+1)%MAXNUM==sq->front)              /* 修改队尾指针 */
        printf("队列满!\n");
    else
    {
        sq->rear=(sq->rear+1)%MAXNUM;
        sq->data[sq->rear]=x;
    }
}
```

④ 出队。

```
int SQueueDeQueue(SeqQueue * sq ,DataType * e)
                                          /* 循环队列的出队操作,出队元素存入 e 中 */
{
    if(sq->front==sq->rear)
    {
        printf("队空!\n");
        return ERROR;
    }
    else
    {
        sq->front=(sq->front+1)%MAXNUM;    /* 修改队头指针 */
        * e=sq->data[sq->front];
        return OK;
    }
}
```

⑤ 读对头元素。

```
DataType SQueueFront(SeqQueue * sq)            /* 读出队头元素,但队头指针保持不变 */
{
    if (sq->front==sq->rear)
    {
        printf("队空下溢\n");
        return ERROR;                          /* 队列为空 */
    }
    else
```

```
        return(sq->data[(sq->front+1)%MAXNUM]);
}
```

⑥ 输出循环队列。

```
void SQueuePrint(SeqQueue * sq)                /* 输出循环队列中的所有元素 */
{
    int i=(sq->front+1)%MAXNUM;
    while(i!=sq->rear)
    {
        printf("\t%d",sq->data[i]);
        i=(i+1)%MAXNUM;
    }
}
```

(3) 循环队列运算的综合实例。

存放于 41mainsequeue.c 文件中。

```
#include "consts.h"
#define MAXNUM 100
typedef int DataType;
#include "sequeue.h"
#include "sequeue.c"
int main(int argc,char * argv[])
{
    SeqQueue * psq=NULL;
    int read=0;
    DataType x;
    do
    {
        puts("关于循环队列的操作\n");
        puts("     ======================\n");
        puts("1 ------置空队");
        puts("2 ------入队");
        puts("3 ------出队");
        puts("4 ------判断空队");
        puts("5 ------输出");
        puts("0 ------退出");
        puts("");
        printf("请选择代号(0-5)");
        scanf("%d",&read);
        printf("\n");
        switch(read)
        {
            case 1 :
                psq=SQueueCreate();
```

```
            break;
        case 2 :
            printf("输入入队数据元素:");
            scanf("%d",&x);
            SQueueEnQueue(psq,x);
            break;
        case 3 :
            if (SQueueDeQueue(psq,&x))
                printf("出队数据元素是: %d\n",x);
            break;
        case 4 :
            if(SQueueIsEmpty(psq))
                printf("队列已空!\n");
            else
                printf("队列不空!\n");
            break;
        case 5 :
            printf("\n现在队列中的元素依次为:\n");
            SQueuePrint(psq);
            printf("\n");
            break;
        case 0 :
            read=0 ;
            break;
        default : ;
        }
        getchar();
    }while(read!=0);
    return 0;
}
```

2. 链队列

链队列就是指采用链式存储结构实现的队列。为便于操作,采用带头结点的单链表实现队列,并设置一个队头指针和一个队尾指针,队头指针始终指向头结点,队尾指针指向当前最后一个元素。

(1) 链队列的C语言描述。

链队列的C语言描述,存放于linkqueue.h文件中。

```
typedef struct LQNode                    /*链队结点结构定义*/
{
    DataType info;
    struct LQNode *next;
}LQNode;
```

```
typedef struct                          /* 链队列类型定义 */
{
    struct LQNode * front;              /* 头指针 */
    struct LQNode * rear;               /* 尾指针 */
}LinkQueue;
```

(2) 基本运算的算法

存放于 linkqueue.c 文件中。

① 置空队。

```
LinkQueue * LQueueCreateEmpty()                     /* 创建空链队,返回头指针 */
{
    LinkQueue * plq= (LinkQueue * )malloc(sizeof(LinkQueue));
    if(plq!=NULL)
        plq->front=plq->rear=NULL;
    else
    {
        printf("内存不足!!\n");
        return NULL;
    }
    return plq;
}
```

② 判队空函数。

```
int LQueueIsEmpty(LinkQueue * plq )                 /* 判断链队列是否为空队列 */
{
    if(plq->front==plq->rear)
        return TRUE;
    else
        return FALSE;
}
```

③ 进队。

```
void LQueueEnQueue(LinkQueue * plq, DataType x)      /* 进队操作 */
{
    LQNode * p= (LQNode * )malloc(sizeof(LQNode));   /* 申请一个新的结点 s */
    if(p==NULL)
        printf("内存分配失败!\n");
    else
    {
        p->info=x;                                   /* 值 x 置入 s 的数据域 */
        p->next=NULL;
        plq->rear->next=p;
        plq->rear=p;                                 /* 修改队尾指针 */
```

```
    }
}
```

④ 出队。

```
int LQueueDeQueue(LinkQueue * plq,DataType * x)       /* 出队操作 */
{
    LQNode * p;
    if(plq->front==plq->rear)
    {
        printf("队列空!!\n ");
        return ERROR;
    }
    else
    {
        p=plq->front->next;
        * x=p->info;
        plq->front->next=p->next;
        free(p);                                 /* 释放出队结点所占的内存空间 */
        return OK;
    }
}
```

⑤ 读队头元素。

```
DataType LQueueFront(LinkQueue * plq )          /* 读出队头元素,但队头指针保持不变 */
{
    if(plq->front==plq->rear)
    {
        printf("\t 队列空\n");
        exit(0);
        }
    return(plq->front->next->info);
}
```

⑥ 链队列基本运算的综合实例。
存放于 41mainlinkqueue.c 文件中。

```
#include "consts.h"
typedef int DataType;                           /* 链队元素类型为整型 */
#include "linkqueue.h"
#include "linkqueue.c"
int main(int argc,char * argv[])
{
    LinkQueue * p;
    int i;
    DataType x;
```

```
    p=LQueueCreateEmpty();
    for(i=0;i<10;i++)
        LQueueEnQueue(p,i);
    for(i=0;i<10;i++)
    {
        if(LQueueDeQueue(p,&x))
            printf("\n%d",x);
    }
    return 0;
}
```

4.2 看病排队候诊问题

1. 问题描述

医院各科室的医生有限，因此病人到医院看病时必须排队候诊，而病人病情有轻重之分，不能简单地根据先来先服务的原则进行诊断治疗，所以医院根据病人的病情规定了不同的优先级别。医生在诊断治疗时，总是选择优先级别高的病人进行诊治，如果遇到两个优先级别相同的病人，则选择最先来排队的病人进行诊治。

2. 设计要求

用队列模拟上述看病排队候诊的问题，建立两个队列分别对应两个不同的优先级别，按照从终端读入的输入数据的方式进行模拟管理。输入 1，表示有新的病人加入队列候诊，根据病情指定其优先级别；输入 2，表示医生根据优先级别为病人进行诊治；输入 3，表示退出系统。

3. 数据结构

解决看病排队候诊的问题，可以采用链式队列来实现。

4. 分析与实现

根据设计要求，定义两个队列 q1 和 q2，q1 对应优先级别低的队列，q2 对应优先级别高的队列，当有新的病人要加入队列候诊时，根据用户从键盘终端输入的优先级别，将该病人加入相应的队列中，并同时生成一个对应该病人的 id 编号，需要说明的是该 id 编号是按照病人到达医院进行排队的先后顺序依次生成的。医生根据优先级别选择病人进行诊治，因此程序应该首先查看优先级别最高的队列 q2，若队列 q2 不为空，则对队列 q2 执行出队操作，否则应对队列 q1 执行出队操作。为方便起见，可以定义一个带有优先级别的队列的入队操作 MyEnQueue()。具体代码如下：

```
void MyEnQueue (LinkQueue * q1,LinkQueue * q2,DataType d,int priority)
{                                   /* 重新定义带有优先权限的队列的入队操作 */
    if(priority==1)
```

```
        LQueueEnQueue(q1,d);
    else
        LQueueEnQueue(q2,d);
}
```

程序先根据用户从键盘输入的数据而指定病人候诊的优先级，然后进行入队操作，将该病人对应的优先级别作为实参，传递给函数 MyEnQueue()的形参 priority，由 priority 的值决定该编号病人进入队列 q1 或是队列 q2 中。

同样定义一个带有优先级别的队列的出队操作 MyDeQueue()，具体实现如下所示：

```
                                        /* 重新定义带有优先权限的队列的出队操作 */
DataType MyDeQueue (LinkQueue * q1, LinkQueue * q2)
{
    DataType e;
    if(!LQueueIsEmpty(q2))
        LQueueDeQueue(q2,&e);
    else
        if(!LQueueIsEmpty(q1))
            LQueueDeQueue(q1,&e);
        else
            return -ERROR;
    return e;
}
```

该出队操作用来模拟医生根据病人的病情，选择优先级别高的病人进行诊断治疗的过程，因此在出队函数 MyDeQueue()中，首先判断优先级别高的队列 q2 中是否为空，不为空表示有病情严重的病人在候诊，医生优先诊断该病人，将队列 q2 中的对头元素出队，否则诊断排在队列 q1 中队头的病人。

程序在执行时应根据模拟输入的数据进行相应的信息提示，如病人的 id 编号及当前被诊治病人的 id 编号等信息。

看病排队候诊系统主函数如下所示：

```
/* 排队看病模拟系统 421hospital.c */
#include "consts.h"
typedef int DataType;                   /* 队列元素为整型 */
#define MAXNUM 20                       /* 队列中最大元素个数 */
#include "linkqueue.h"
#include "linkqueue.c"
int main(int argc,char * argv[])
{
    LinkQueue * q1;                     /* 优先级低的病人队列 */
    LinkQueue * q2;                     /* 优先级高的病人队列 */
    int menu;                           /* 存储用户选择的菜单编号 */
    int priority;                       /* 病人看病的优先级别 */
```

```
    DataType id;                          /* 按照病人到达医院的先后领取号码牌 */
    DataType e;                           /* 病人看病的优先级别 */
    int n=0;
    q1=LQueueCreateEmpty();
    q2=LQueueCreateEmpty();
    id=1;
    printf("*****************欢迎进入排队看病模拟系统********\n");
    printf("*********1: 新的病人加入队列候诊          *********\n");
    printf("*********2: 医生根据优先级别为病人诊治 *********\n");
    printf("*********3: 退出系统                      *********\n");
    printf("*************************************************\n");
    while(1)
    {
        printf("-------------------------------------------------\n");
        printf("******请按菜单编号选择相应的操作(系统只处理数值型数据):******\n");
        scanf("%d",&menu);
        if(1==menu)                                 /* 如果有新的病人,则加入队列 */
        {
            printf("请输入病人的优先级别(本模拟系统只设置两个优先级别:1 或 2):");
            scanf("%d",&priority);
            if(1==priority||2==priority)             /* 如果级别输入的正确 */
            {
                printf("***该病人的 ID 为:%d***\n",id);
                MyEnQueue(q1,q2,id++,priority);
            }
            else                                     /* 如果级别输入的不正确 */
                printf("\n请输入病人的优先级别(本模拟系统只设置两个优先级别:1 或 2)\n");
            }
            else if(2==menu)                         /* 如果有病人出院 */
            {
                e=MyDeQueue(q1,q2);
                if(-1!=e)                            /* 如果队列不为空 */
                    printf("***当前被诊治的病人的 ID 为:%d***\n",e);
            else                                     /* 如果队列为空 */
                printf("***无病人,队列为空***\n");
        }
        else if(3==menu)
            break;
        else                                        /* 如果输入格式错误不为空 */
            printf("错误,请按菜单编号输入\n");
    }
    return 0;
}
```

注意:本课程设计的详细代码存放于光盘 42hospital.c 文件中。

5. 运行与测试

```
*****************欢迎进入排队看病模拟系统********
********** 1: 新的病人加入队列候诊         *********
********** 2: 医生根据优先级别为病人诊治*********
********** 3: 退出系统                     *********
**************************************************
------------------------------------------------------------
*********请按菜单编号选择相应的操作<系统只处理数值型数据>:**********
1
请输入病人的优先级别<本模拟系统只设置两个优先级别:1或2>:1
***该病人的ID为: 1***
------------------------------------------------------------
*********请按菜单编号选择相应的操作<系统只处理数值型数据>:**********
1
请输入病人的优先级别<本模拟系统只设置两个优先级别:1或2>:2
***该病人的ID为: 2***
------------------------------------------------------------
*********请按菜单编号选择相应的操作<系统只处理数值型数据>:**********
2
***当前被诊治的病人的ID为: 2***
------------------------------------------------------------
*********请按菜单编号选择相应的操作<系统只处理数值型数据>:**********
3
请按任意键继续. . .
```

6. 总结与思考

本课程设计完整地模拟了看病排队候诊的情况，但程序中只考虑了两种病情的优先级别，读者可以根据情况进行适当地扩展，考虑优先级别更多的情况。

4.3 数制的转换

1. 问题描述

在日常生活中，常常使用各种编码，如身份证号码、电话号码和邮政编码等，这些编码都是由十进制数组成的。同理，在计算机中采用由若干位二进制数组成的编码来表示字母、符号、汉字和颜色等非数值信息。十进制数 N 和其他进制数的转换是计算机实现计算的基本算法，数制间转换的实质是进行基数的转换。

2. 设计要求

设计实现十进制数与二进制数之间的数制转换程序，要求进行某种数制转换后，输入相应的格式正确的数值(可以是混合小数的形式)，程序按照设定的算法执行，给出相对应的进制数数值，对于输入数据的合法性可以不做检查。

3. 数据结构

本课程设计使用的数据结构是链式队列和链式栈。

4. 分析与实现

1) 二进制数转换为十进制数

二进制数转换成十进制数的方法是根据有理数的按权展开式，把二进制数各位的权

(2 的某次幂)与数位值(0 或 1)的乘积项相加,其和便是相应的十进制数。这种方法称为按权相加法。为说明问题,可将数用小括号括起来,在括号外右下角加一个下标以表示数制。

【例 4-1】 求$(110111.101)_2$的等值十进制数。

【解】 基数 J=2 按权相加,得:

$$
\begin{aligned}
(110111.101)_2 &= 1\times 2^5+1\times 2^4+0\times 2^3+1\times 2^2+1\times 2^1+1\times 2^0 \\
&\quad +1\times 2^{-1}+0\times 2^{-2}+1\times 2^{-3} \\
&= 32+16+4+2+1+0.5+0.125 \\
&= 55+0.625 \\
&= (55.625)_{10}
\end{aligned}
$$

根据上述示例,很容易设计出相应的算法程序,实现二进制数转换成十进制数。首先将二进制数分为整数部分和小数部分,然后对其分别进行转换再连接输出即可。本课程设计使用自定义函数 StringSplit(),将要转换的二进制字符串拆分,分成整数部分和小数部分。然后再使用相应的栈及队列进行相应的转换操作。

```
void GetRadixPoint(const char * chs,int * pos,int * len)
                                              /* 获取小数点位置以及串的长度 */
{
    int i=0;
    int flag=FALSE;
    while('\0'!=chs[i])
    {
        if(chs[i] =='.')
        {
            * pos=i;
            flag=TRUE;
        }
        i++;
    }
    if(flag)
        * len=i;
    else
    {
        * pos=-1;
        * len=i;
    }
}
```

定义函数 StringSplit()的具体代码如下:

```
                              /* 拆分字符串 chs,分成整数部分 chs1 和小数部分 chs2 */
int StringSplit(const char * chs,char * chs1,char * chs2)
{
```

```
    int pos=0,len=0;
    int i=0;
    int k=0;
    GetRadixPoint(chs,&pos,&len);            /* 获取小数点位置以及串的长度 */
    if(pos!=-1)
    {
        for(i=0; i<pos; i++)
            chs1[i]=chs[i];
        chs1[i]='\0';
        for(i=pos+1; i<len; i++)
            chs2[k++]=chs[i];
        chs2[k]='\0';
    }
    else
        return ERROR;
    return OK;
}
```

接下来问题的关键是如何提取出二进制数中的各位数值与其相应的权值相乘后再相加。程序在实现时采用字符数组来存储用户需要转换的二进制数，然后使用上述自定义函数 StringSplit()将其拆分，在整数部分的转换中使用栈的操作来实现，具体代码如下：

```
int IntConverBToD(char * chs,LinkStack * s)     /* 二进制到十进制整数部分转换函数 */
{
    int i=0;
    int sum=0;
    int k=1;
    int temp=0;
    int tt=0;                                    /* 临时输出栈元素使用 */
    while('\0'!=chs[i])
    {
        s=LStackPush(s,chs[i]-'0');
        i++;
    }
    i=0;
    while(!LStackIsEmpty(s))
    {
        temp=LStackGetTop(s);
        s=LStackPop(s,&tt);
        if(temp!=1 && temp!=0)
            return -ERROR;
        if(0==i)
            sum +=temp;
        else
```

```
            {
                k * =2;
                sum +=temp * k;
            }
            i++;
        }
        return sum;
    }
```

对于小数部分，由于每位提取出来后乘以的权值与整数部分不同，因此应选用队列操作来实现，具体代码如下：

```
    float DecConverBToD(char * chs,LinkQueue * l)  /* 二进制到十进制小数部分转换函数 */
    {
        int i=0;
        float sum=0;
        float k=1;
        int temp=0;
        while('\0'!=chs[i])
        {
            LQueueEnQueue(l,chs[i]-'0');
            i++;
        }
        while(!LQueueIsEmpty(l))
        {
            LQueueDeQueue(l,&temp);
            if(temp!=1 && temp!=0)
            return -ERROR;
            k/=2;
            sum+=temp * k;
            i++;
        }
        return sum;
    }
```

2）十进制数转换为二进制数

要把十进制数转换为二进制数，就是设法寻找二进制数的按权展开式中的系数 b_{n-1}、b_{n-2}、…、b_1、b_0、b_{-1}、…、b_{-m}。

假设有一个十进制整数 215，试把它转换为二进制整数，即：

$$(215)_{10} = (b_{n-1}\ b_{n-2} \cdots\ b_1\ b_0)_2$$

问题就是要找到 b_{n-1}、b_{n-2}、…、b_1、b_0的值，而这些值不是 1 就是 0，取决于要转换的十进制数(例中即为 215)。

根据二进制的定义：

$$(b_{n-1}\ b_{n-2} \cdots\ b_1\ b_0)_2 = b_{n-1} \times 2^{n-1} + b_{n-2} \times 2^{n-2} + \cdots + b_1 \times 2^1 + b_0 \times 2^0$$

于是有$(215)_{10}=b_{n-1}\times 2^{n-1}+b_{n-2}\times 2^{n-2}+\cdots+b_1\times 2^1+b_0\times 2^0$。

显然，上面等式右边除了最后一项 b_0 以外，各项都包含有 2 的因子，它们都能被 2 除尽。所以，如果用 2 去除十进制数$(215)_{10}$，则它的余数即为 b_0，因此 $b_0=1$。并有

$$(107)_{10}=b_{n-1}\times 2^{n-2}+b_{n-2}\times 2^{n-3}+\cdots+b_2\times 2^1+b_1$$

显然，上面等式右边除了最后一项 b_1 外，各项都含有 2 的因子，都能被 2 除尽。所以，如果用 2 去除$(107)_{10}$，则所得的余数必为 b_1，即 $b_1=1$。

用这样的方法一直继续下去，直至商为 0，就可得到 b_{n-1}、b_{n-2}、…、b_1、b_0 的值。因此$(215)_{10}=(11010111)_2$。

总结上面的转换过程，可以得出十进制整数转换为二进制整数的方法如下：

用 2 不断地去除要转换的十进制数，直至商为 0。每次的余数即为二进制数码，最初得到的余数为整数的最低位有效数 b_0，最后得到的余数为整数的最高位有效数 b_{n-1}，这种方法称为"除二取余法"。

上述计算过程是按照从低位到高位的顺序产生二进制数的各个数位，而打印输出时，则要求按照从高到低的顺序进行，恰好和计算过程相反。因此，若将计算过程中得到的二进制数的各个位顺序进栈，则按出栈序列打印出的即为与输入的十进制整数对应的二进制整数。

对于十进制的纯小数转换为二进制纯小数采用的则是"乘二取整法"，即不断用 2 去乘要转换的十进制小数，将每次所得的整数(0 或 1)依次记为 b_{-1}，b_{-2}，…，b_{-m+1}，b_{-m}。因此，应将计算过程中得到的二进制数的各个位顺序入队，输出时再顺序出队即可。但应注意以下两点：

(1) 若乘积的小数部分最后能为 0，那么最后一次乘积的整数部分记为 b_{-m}，则 $0.b_{-1}b_{-2}\cdots b_{-m}$即为十进制小数的二进制表达式。

(2) 若乘积的小数部分永不为 0，表明十进制小数不能用有限位的二进制小数精确表示，则可根据精度要求取 m 位而得到十进制小数的二进制近似表达式。

上述转换过程的具体代码如下：

```
                                    /* 十进制到二进制整数部分转换函数 */
LinkStack * IntConverDToB(int t,LinkStack * s)
{
    while(t!=0)
    {
        s=LStackPush(s,t%2);
        t /=2;
    }
    return s;
}
                                    /* 十进制到二进制小数部分转换函数 */
void DecConverDToB(float f,LinkQueue * l)
{
    int i=0;
```

```
    while(i<=6 && f!=0)
    {
        f=f*2;
        if(f>=1)
        {
            f-=1;
            LQueueEnQueue(l,1);
        }
        else
            LQueueEnQueue(l,0);
        i++;
    }
}
```

3）混合小数转换

对整数、小数部分均有的十进制数，转换时只需将整数、小数部分分别转换，然后用小数点连接起来即可。本课程设计在实现时使用 if 语句对要进行转换的数值进行判断，对整数部分的转换和小数部分的转换分别调用了不同的函数，最后输出时将整数部分和小数部分用小数点连接起来输出。

主函数代码如下所示：

```
/*进制转换的队列实现*/
#include "consts.h"
typedef int DataType;                          /*链队元素类型为整型*/
#include "linkstack.h"
#include "linkstack.c"
#include "linkqueue.h"
#include "linkqueue.c"
int main(int argc,char*argv[])
{
    int menu;
    int k;
    float temp;
    float f;
    LinkQueue*l;
    LinkStack*s=NULL;
    char chs[100];
    char chs1[100];
    char chs2[100];
    DataType e;
    float num;
    int tt=0;                                  /*输出栈元素时使用*/
    printf("          欢迎使用进制转换软件!          \n");
    while(TRUE)
```

```
{
    l=LQueueCreateEmpty();
    s=(LinkStack*)malloc(sizeof(LinkStack));
    s->data=1;
    s->next=NULL;
    printf("*****************************************\n");
    printf("**      1、十-二进制小数转换              **\n");
    printf("**      2、二-十进制小数转换              **\n");
    printf("**      3、退出                          **\n");
    printf("*****************************************\n");
    scanf("%d",&menu);
    switch(menu)
    {
        case 1:
            getchar();
            printf("请输入需要转换的数字:\n");
            scanf("%f",&temp);
            if(temp>1.0 && temp!=(int)temp)
            {                                   /*如果输入的不是一个整数并且大于1*/
                s=IntConverDToB((int)temp,s);
                DecConverDToB(temp-(int)temp,l);
                printf("转化后的二进制小数为:",temp);
                while(!LStackIsEmpty(s))
                {
                    printf("%d",LStackGetTop(s));    /*输出整数部分*/
                    s=LStackPop(s,&tt);
                }
                    printf(".",temp);
                    while(!LQueueIsEmpty(l))         /*输出小数部分*/
                {
                    LQueueDeQueue(l,&e);
                    printf("%d",e);
                }
                printf("\n");
            }
            else
            {
                if(temp==(int)temp)                  /*如果输入的是一个整数*/
                {
                    printf("%d转化后的二进制小数为:",(int)temp);
                    s=IntConverDToB((int)temp,s);
                    while(!LStackIsEmpty(s))         /*输出整数部分*/
                    {
                        printf("%d",LStackGetTop(s));
```

```
                s=LStackPop(s,&tt);
            }
            printf(".0\n");
        }
        else                                /* 如果输入的是一个小于 1 的小数 */
        {
            printf("----------\n");
            printf("转化后的二进制小数为:",temp);
            DecConverDToB(temp,l);
            printf("0.",temp);
            while(!LQueueIsEmpty(l))           /* 输出小数部分 */
            {
                LQueueDeQueue(l,&e);
                printf("%d",e);
            }
            printf("\n");
            getchar();
        }
    }
    break;
case 2:
    getchar();
    printf("请输入需要转换的二进制数字:\n");
    gets(chs);
    k=StringSplit(chs,chs1,chs2);
    if(k!=-1)
    {
        num=IntConverBToD(chs1,s);
        f=DecConverBToD(chs2,l);
        if(-1!=num && f!=-1)
            printf("转化后的十进制形式为:%f\n",(float)num+f);
        else
            printf("输入格式错误\n");
    }
    else
    {
        num=IntConverBToD(chs,s);
        if(-1!=num)
            printf("转化后的十进制形式为:%f\n",(float)num);
        else
            printf("输入格式错误\n");
        }
        break;
case 3:                                        /* 退出 */
```

```
            return 0;
        default:                                      /* 输入不满足要求,提示输入错误 */
            printf("输入错误,请重新输入!\n");
            continue;
        }
    }
    return 0;
}
```

注意:本课程设计的详细代码存放于光盘 43dtob.c 文件中。

5. 运行与测试

```
            欢迎使用进制转换软件!

***************************************
**    1、十-二进制小数转换           **
**    2、二-十进制小数转换           **
**    3、退出                        **
***************************************

请选择相应操作:
1
请输入需要转换的数字:
153.6
转化后的二进制小数为: 10011001.1001100
***************************************
**    1、十-二进制小数转换           **
**    2、二-十进制小数转换           **
**    3、退出                        **
***************************************

请选择相应操作:
2
请输入需要转换的二进制数字:
10110.1
转化后的十进制形式为: 22.500000
```

6. 总结与思考

上述程序实现的是任意的非负十进制数与二进制数之间的转换,读者可以思考将程序功能进行扩展,实现任意进制数之间的转换。

要学好计算机的秘诀就是实践,实践,再实践。这里的实践就是指应用所学的知识去解决实际问题。

4.4 停车场管理

1. 问题描述

设停车场内只有一个可停放 n 辆汽车的狭长通道,且只有一个大门可供汽车进出。汽车在停车场内按车辆到达时间的先后顺序,依次由北向南排列(大门在最南端,最先到达的第一辆车停放在车场的最北端),若停车场内已停满 n 辆汽车,则后来的汽车只能在门外的便道上等候,一旦有车开走,则排在便道上的第一辆车即可开入;当停车场内某辆车要离开时，在其之后开入的车辆必须先退出停车场让路，待该辆车开出大门外，其他车辆再按原次序进入停车场，每辆停放在停车场的车在其离开停车场时必须按其停留的时间长短交纳费用。试为停车场编制按上述要求进行管理的模拟程序。

2. 设计要求

以栈模拟停车场，以队列模拟停车场外的便道，按照从终端读入的输入数据的方式进行模拟管理。输入 1，表示车辆到达；输入 2，表示车辆离开；输入 3，表示显示出停车场内及便道上的停车情况；输入 4，表示退出系统。车辆到达操作，需输入汽车牌照号码及到达的时刻；车辆离开操作，需输入汽车在停车场的位置及离开时刻，且应输出汽车在停车场内停留的时间和应缴纳的费用（在便道上停留的时间不收费）。

3. 数据结构

本课程设计使用的数据结构是顺序栈和链式队列。

4. 分析与实现

模拟停车场车辆进出时需要输入车辆的信息，包括车牌号码及进入与离开时刻，因此可以定义一个时间结点类型和一个车辆信息结点类型，在顺序栈及链式队列中定义结点类型为车辆信息结点类型。具体代码如下：

```
typedef struct time
{
    int hour;
    int min;
}Time;                                          /* 时间结点 */
typedef struct node
{
    char num[10];
    Time reach;
    Time leave;
}CarNode;                                       /* 车辆信息结点 */
typedef struct NODE
{
    CarNode * stack[MAXNUM+1];
    int top;
}SeqStackCar;                                   /* 模拟车站 */
typedef struct car
{
    CarNode * data;
    struct car * next;
}QueueNode;
typedef struct Node
{
```

```
    QueueNode * head;
    QueueNode * rear;
}LinkQueueCar;                                  /* 模拟通道 */
void StackInit(SeqStackCar * s)                 /* 初始化停车场 */
{
    int i;
    s->top=0;
    for(i=0;i<=MAXNUM;i++)
    s->stack[s->top]=NULL;
}
int QueueInit(LinkQueueCar * Q)                 /* 初始化便道 */
{
    Q->head=(QueueNode * )malloc(sizeof(QueueNode));
    if(Q->head!=NULL)
    {
        Q->head->next=NULL;
        Q->rear=Q->head;
        return OK;
    }
    else
        return ERROR;
}
```

当车辆离开后，需要打印输出车辆离开后的信息，如离开时间、离开时的所在位置和应缴纳的费用等，定义函数 Print 实现。

```
void Print(CarNode * p,int room)                        /* 打印出站车的信息 */
{
    int A1,A2,B1,B2;
    printf("\n 请输入离开的时间:/**:**/");
    scanf("%d:%d",&(p->leave.hour),&(p->leave.min));
    printf("\n 离开车辆的车牌号为:");
    puts(p->num);
    printf("\n 其到达时间为: %d:%d",p->reach.hour,p->reach.min);
    printf("离开时间为: %d:%d",p->leave.hour,p->leave.min);
    A1= p->reach.hour;
    A2= p->reach.min;
    B1= p->leave.hour;
    B2= p->leave.min;
    printf("\n 应交费用为: %2.1f 元",((B1-A1) * 60+(B2-A2)) * price);
    free(p);
}
```

由于模拟车辆的进出，既包含栈的操作又包含队列的操作，因此定义两个函数实现：

```
int Arrival(SeqStackCar * ,LinkQueueCar * );                /* 车辆到达 */
```

```
void Leave(SeqStackCar * ,SeqStackCar * ,LinkQueueCar * );      /* 车辆离开 */
```

上述两个函数分别模拟车辆的到达与车辆的离开操作。其中车辆到达时需要用户输入车辆的信息，接着要判断栈是否已满，如果当前栈未满，则进行入栈操作，即车辆进入停车场；如果栈已满，则车辆必须进入便道等待。具体代码如下：

```
int Arrival(SeqStackCar * Enter,LinkQueueCar * W)      /* 车辆到达 */
{
    CarNode * p;
    QueueNode * t;
    p=(CarNode * )malloc(sizeof(CarNode));
    printf("\n 请输入车牌号(例:陕 A1234):");
    getchar();
    gets(p->num);
    if(Enter->top<MAXNUM)                              /* 车场未满,车进车场 */
    {
        Enter->top++;
        printf("\n 车辆在车场第%d 位置.",Enter->top);
        printf("\n 请输入到达时间:/**:**/");
        scanf("%d:%d",&(p->reach.hour),&(p->reach.min));
        Enter->stack[Enter->top]=p;
        return OK;
    }
    else                                               /* 车场已满,车进便道 */
    {
        printf("\n 该车须在便道等待!");
        t=(QueueNode * )malloc(sizeof(QueueNode));
        t->data=p;
        t->next=NULL;
        W->rear->next=t;
        W->rear=t;
        return OK;
    }
}
```

车辆的离开，则需另设一个栈，给要离去的汽车让路而从停车场退出来的汽车临时停放，也用顺序栈实现，车辆离开后需检查便道内是否有车辆等待，若有等待的车辆则进行便道内的车辆进入停车场的操作，即将车辆信息结点进行入栈操作，输入当前时间后开始计费，最后进行出队操作，表示车辆离开便道已进入停车场。具体代码如下：

```
void Leave(SeqStackCar * Enter,SeqStackCar * Temp,LinkQueueCar * W) /* 车辆离开 */
{
    int room;
    CarNode * p, * t;
```

```
QueueNode * q;
if(Enter->top>0)                /* 判断车场内是否有车,Enter->top>0 表示有车 */
{
    while(TRUE)                 /* 输入离开车辆的信息 */
    {
        printf("\n 请输入车在车场的位置/1--%d/:",Enter->top);
        scanf("%d",&room);
        if(room>=1&&room<=Enter->top)
            break;
    }
    while(Enter->top>room)                          /* 车辆离开 */
    {
        Temp->top++;
        Temp->stack[Temp->top]=Enter->stack[Enter->top];
        Enter->stack[Enter->top]=NULL;
        Enter->top--;
    }
    p=Enter->stack[Enter->top];
    Enter->stack[Enter->top]=NULL;
    Enter->top--;
    while(Temp->top>=1)
    {
        Enter->top++;
        Enter->stack[Enter->top]=Temp->stack[Temp->top];
        Temp->stack[Temp->top]=NULL;
        Temp->top--;
    }
    Print(p,room);
                                        /* 判断通道上是否有车及车站是否已满 */
    if((W->head!=W->rear)&&Enter->top<MAXNUM)    /* 便道的车辆进入车场 */
    {
        q=W->head->next;
        t=q->data;
        Enter->top++;
        printf("\n 便道的%s 号车进入车场第%d 位置.",t->num,Enter->top);
        printf("\n 请输入现在的时间/**:**/:");
        scanf("%d:%d",&(t->reach.hour),&(t->reach.min));
        W->head->next=q->next;
        if(q==W->rear)
            W->rear=W->head;
        Enter->stack[Enter->top]=t;
        free(q);
    }
    else
```

```
            printf("\n便道里没有车.\n");
    }
    else
        printf("\n车场里没有车.");                /*没车*/
}
```

本课程实例的具体代码如下：

```
#include "consts.h"
#define MAXNUM 2                                  /*车库容量*/
#define price 0.05                                /*每车每分钟费用*/
void List1(SeqStackCar *S)                        /*列表显示车场信息*/
{
    int i;
    if(S->top>0)                                  /*判断车站内是否有车*/
    {
        printf("\n车场:");
        printf("\n位置 到达时间 车牌号\n");
        for(i=1;i<=S->top;i++)
        {
            printf("%d ",i);
            printf("%d:%d ",S->stack[i]->reach.hour,S->stack[i]->reach.min);
            puts(S->stack[i]->num);
        }
    }
    else
        printf("\n车场里没有车");
}
void List2(LinkQueueCar *W)                       /*列表显示便道信息*/
{
    QueueNode *p;
    p=W->head->next;
    if(W->head!=W->rear)                          /*判断通道上是否有车*/
    {
        printf("\n等待车辆的号码为:");
        while(p!=NULL)
        {
            puts(p->data->num);
            p=p->next;
        }
    }
    else
        printf("\n便道里没有车.");
}
void List(SeqStackCar S,LinkQueueCar W)
```

```
{
    int flag,tag;
    flag=1;
    while(flag)
    {
        printf("\n请选择 1|2|3:");
        printf("\n1.车场\n2.便道\n3.返回\n");
        while(TRUE)
        {
            scanf("%d",&tag);
            if(tag>=1||tag<=3) break;
            else
                printf("\n请选择 1|2|3:");
        }
        switch(tag)
        {
            case 1: List1(&S);                          /*列表显示车场信息*/
                    break;
            case 2: List2(&W);                          /*列表显示便道信息*/
                    break;
            case 3: flag=0;                             /*列表显示便道信息*/
                    break;
            default: break;
        }
    }
}
void main()
{
    SeqStackCar Enter,Temp;
    LinkQueueCar Wait;
    int ch;
    StackInit(&Enter);                                  /*初始化车站*/
    StackInit(&Temp);                                   /*初始化让路的临时栈*/
    QueueInit(&Wait);                                   /*初始化通道*/
    while(TRUE)
    {
        printf("\n1. 车辆到达");
        printf(" 2. 车辆离开");
        printf(" 3. 列表显示");
        printf(" 4. 退出系统\n");
        while(TRUE)
        {
            scanf("%d",&ch);
            if(ch>=1&&ch<=4)
```

```
                break;
            else
                printf("\n 请选择：1|2|3|4.");
        }
        switch(ch)
        {
            case 1: Arrival(&Enter,&Wait);                 /* 车辆到达 */
                    break;
            case 2: Leave(&Enter,&Temp,&Wait);             /* 车辆离开 */
                    break;
            case 3: List(Enter,Wait);                      /* 列表打印信息 */
                    break;
            case 4: exit(0);                               /* 退出主程序 */
            default: break;
        }
    }
}
```

注意：本课程设计的详细代码存放于光盘 44parkingmanage.c 文件中。

5. 运行与测试

```
1. 车辆到达 2. 车辆离开 3. 列表显示 4. 退出系统
1
请输入车牌号<例:吉C12345>:吉C54321

车辆在车场第1位置.
请输入到达时间:/**:**/12:30

1. 车辆到达 2. 车辆离开 3. 列表显示 4. 退出系统
2

请输入车在车场的位置/1--1/: 1

请输入离开的时间:/**:**/13:40

离开车辆的车牌号为:吉C54321

其到达时间为: 12:30离开时间为: 13:40
应交费用为: 3.5元
便道里没有车.
```

6. 总结与思考

本节使用栈和队列两种数据结构实现了模拟停车场的管理，其中为了模拟车辆的收费等信息，定义了车辆的信息结点类型。车辆的进入与离开，既用到了栈的基本操作又用到了队列的基本操作，所以程序当中单独实现了两个函数，即 Arrival()和 Leave()，Arrival()中包含了入栈与入队等操作，Leave 函数中包含了出栈与出队等操作。下面给出几点思考，读者可以模仿该课程设计实例进行扩展。

(1) 程序中使用的两个栈，如果共享空间，应开辟多少空间最合适？

(2) 汽车可有不同种类，即其占地面积不同，收费标准也不同，如 1 辆客车和 1.5 辆小汽车的占地面积相同。

(3) 汽车可以直接从便道上开走,收费标准比停放在停车场内低,请思考如何修改结构以满足这种要求?

4.5 基数排序

1. 问题描述

从键盘上输入 n 个长度为 m 的整数,要求输出这些整数的升序排列。

2. 设计要求

(1) 程序对所输入的数字进行简单判断,如果不是之前所要求的长度,给予提醒。

(2) 实现基数排序,输出结果以逗号分隔。

3. 数据结构

本课程设计使用的数据结构是队列,利用顺序队列来实现。

4. 分析与实现

“基数排序法”(radix sort)属于“分配式排序”(distribution sort),又称“桶子法”(bucket sort 或 bin sort)。顾名思义,它是通过键值的部分资讯,将要排序的元素分配至某些“桶”中,藉以达到排序的作用。基数排序是一种基于关键字排序思想的排序。

【例 4-2】 该如何对一副扑克牌进行排序?

若规定花色和面值的顺序关系为:

花色:♦ < ♣ < ♥ < ♠

面值:2 < 3 < 4 < 5 < 6 < 7 < 8 < 9 < 10 < J < Q < K < A

则可以先按花色排序,花色相同者再按面值排序;也可以先按面值排序,面值相同者再按花色排序。

【例 4-3】 该如何对职工分房进行排序?

某校规定:先以总分排序(职称分+工龄分),总分相同者再按配偶总分排序,其次按配偶职称、工龄和人口等排序。

以上两例都是典型的多关键字排序方法。

关键字排序的实现方法通常有两种:

(1) 最高位优先法 MSD(most significant digit first)。

(2) 最低位优先法 LSD(least significant digit first)。

下面以扑克牌排序为例:

MSD 方法的思路:先设立 4 个花色箱,将全部牌按花色分别归入 4 个箱内(每个箱中有 13 张牌),然后对每个箱中的牌按面值进行插入排序(或其他稳定排序算法)。

LSD 方法的思路:先按面值分成 13 堆(每堆 4 张牌),然后对每堆中的牌按花色进行排序(用插入排序等稳定的排序算法)。

【例 4-4】 初始关键字序列 T=(32, 13, 27, 32*, 19,33),请分别用 MSD 和 LSD 进行排序,并讨论其优缺点。

方法 1(MSD):

原始序列:32,13,27,32*,19,33

先按高有效位 K_{i1} 排序:(13,19),27,(32,32*,33)

再按低有效位 K_{i2} 排序:13,19,27,32,32*,33

方法 2(LSD):

原始序列:32,13,27,32*,19,33

先按低有效位 K_{i2} 排序:32,32*,13,33,27,19

再按高有效位 K_{i1} 排序:13,19,27,32,32*,33

对上述方法进行总结,可以得到十进制整数的基数排序算法,其中每个元素以数组的形式存储,针对数组中的 n 个元素进行如下操作:

(1) 先"分配"到 10 个队列中去;

(2) 然后再按各队列的顺序,依次把记录从队列中"收集"起来;

(3) 分别用这种"分配"、"收集"的运算逐趟进行排序;

(4) 在最后一趟"分配"、"收集" 完成后,所有记录即按其关键码值从小到大的顺序依次排列。

【例 4-5】 以 LSD 为例,假设原来有一串数值如下所示:

```
73, 22, 93, 43, 55, 14, 28, 65, 39, 81
```

首先根据个位数的数值,将它们依次分配至编号 0~9 的队列中:

```
0
1 81
2 22
3 73 93 43
4 14
5 55 65
6
7
8 28
9 39
```

接下来将这些队列中的数值重新串接起来,成为下面的数列:

```
81, 22, 73, 93, 43, 14, 55, 65, 28, 39
```

接着再进行一次分配,这次是根据十位数来分配:

```
0
1 14
2 22 28
3 39
```

```
4 43
5 55
6 65
7 73
8 81
9 93
```

接下来将这些队列中的数值重新串接起来，成为下面的数列：

```
14, 22, 28, 39, 43, 55, 65, 73, 81, 93
```

这时候整个数列已经排序完毕，排序的过程如表 4-1 所示。如果排序的对象有三位数以上，则持续进行上面的动作直至最高数位为止。

表 4-1 排序过程

最初的数据	排好个位的数据	排好十位的数据	最初的数据	排好个位的数据	排好十位的数据
73	81	14	14	14	55
22	22	22	28	55	65
93	73	28	65	65	73
43	93	39	39	28	81
55	43	43	81	39	93

下面应用程序设计语言来具体实现上述基数排序的算法，设待排序的数列以数组形式存储在数组 a 中。以十进制整数排序为例，共需要 10 个队列，依次命名为 psq0～psq9。

在排序过程中需要知道任意数字的任意位的值，定义函数 GetNumber()以获取整数 n 从左往右数的第 m 位数字。此外还需要判断输入数字的位数是否与题意相同，定义获取数字的位数的函数 GetLength()。

```
int GetNumber(int n,int m)                /* 获取整数 n 从左往右数的第 m 位数字 */
{
    Char buf[100];
    memset(buf,"?",100);
    sprintf( buf,"%d",n );
    if((buf[m]-'0')> =0 && (buf[m]-'0')<=9)
        return buf[m]-'0';
    else
        return 0;
}
int GetLength(int n)                      /* 获取数字 n 的位数 */
{
    char buf[100];
    int length;
    int i=0;
```

```
    memset(buf,'-',100);
    sprintf( buf,"%d",n );
    for(i=0; i<100; i++) {
        if(buf[i]=='-')
            break;
    }
    return i-1;
}
```

本课程设计实例的具体代码如下：

```
#include "consts.h"
typedef int DataType;                       /* 队列元素为整型 */
#define MAXNUM 20                           /* 队列中最大元素个数 */
#include "sequeue.h"
#include "sequeue.c"
int main(int argc,char * argv[])
{
    DataType a[100];                        /* 待排序的数组 */
    int n;
    int maxLength=0;
    int temp=0;
    DataType p;
    int i=0,j=0,k=0,t=0;
    SeqQueue * psq0=SQueueCreate();
    SeqQueue * psq1=SQueueCreate();
    SeqQueue * psq2=SQueueCreate();
    SeqQueue * psq3=SQueueCreate();
    SeqQueue * psq4=SQueueCreate();
    SeqQueue * psq5=SQueueCreate();
    SeqQueue * psq6=SQueueCreate();
    SeqQueue * psq7=SQueueCreate();
    SeqQueue * psq8=SQueueCreate();
    SeqQueue * psq9=SQueueCreate();
    printf("请输入您需要排序的数值的位数:\n");
    scanf("%d",&maxLength);
    printf("请输入您需要排序的数值的个数:\n");
    scanf("%d",&n);
    printf("请输入 %d 个 %d 位数(以空格分隔):\n",n,maxLength);
    for(i=0;i<n;i++)
     scanf("%d",&a[i]);
    for(i=0;i<maxLength;i++)
    {                                       /* 从个位开始依次进行排序 */
        for(j=0;j<n;j++)
```

```
{                                    /*依次从需要排序的数字中取出相应的数字入队*/
    temp=GetNumber(a[j],maxLength-i-1);
    switch(temp)
    {
        case 0: SQueueEnQueue(psq0,a[j]);
                break;
        case 1: SQueueEnQueue(psq1,a[j]);
                break;
        case 2: SQueueEnQueue(psq2,a[j]);
                break;
        case 3: SQueueEnQueue(psq3,a[j]);
                break;
        case 4: SQueueEnQueue(psq4,a[j]);
                break;
        case 5: SQueueEnQueue(psq5,a[j]);
                break;
        case 6: SQueueEnQueue(psq6,a[j]);
                break;
        case 7: SQueueEnQueue(psq7,a[j]);
                break;
        case 8: SQueueEnQueue(psq8,a[j]);
                break;
        case 9: SQueueEnQueue(psq9,a[j]);
                break;
        default: break;
    }
}
while(!SQueueIsEmpty(psq0))
{                                    /*出队操作,对a数组重新赋值*/
    SQueueDeQueue(psq0,&p);
    a[t++]=p;
}
while(!SQueueIsEmpty(psq1))
{
    SQueueDeQueue(psq1,&p);
    a[t++]=p;
}
while(!SQueueIsEmpty(psq2))
{
    SQueueDeQueue(psq2,&p);
    a[t++]=p;
}
while(!SQueueIsEmpty(psq3))
{
```

```
            SQueueDeQueue(psq3,&p);
            a[t++]=p;
        }
        while(!SQueueIsEmpty(psq4))
        {
            SQueueDeQueue(psq4,&p);
            a[t++]=p;
        }
        while(!SQueueIsEmpty(psq5))
        {
            SQueueDeQueue(psq5,&p);
            a[t++]=p;
            }
        while(!SQueueIsEmpty(psq6))
        {
            SQueueDeQueue(psq6,&p);
            a[t++]=p;
        }
        while(!SQueueIsEmpty(psq7))
        {
            SQueueDeQueue(psq7,&p);
            a[t++]=p;
        }
        while(!SQueueIsEmpty(psq8))
        {
            SQueueDeQueue(psq8,&p);
            a[t++]=p;
        }
        while(!SQueueIsEmpty(psq9))
        {
            SQueueDeQueue(psq9,&p);
            a[t++]=p;
        }
        t=0;
    }
    for(k=0 ;k<n-1;k++)
        printf("%d,",a[k]);
    printf("%d\n",a[n-1]);
    getchar();
    return 0;
}
```

注意：本课程设计的详细代码存放于光盘 45radixsorting. c 文件中。

5. 运行与测试

```
*本系统只适用于int整数类型的非负数排序*
*输出结果为升序序列*
请输入您需要排序的数值的位数:
3
请输入您需要排序的数值的个数:
4
请输入 4 个 3 位数(以空格分隔):
465 358 275 683
排序结果如下所示:
275,358,465,683
请按任意键继续. . .
```

6. 总结与思考

LSD 的基数排序适用于位数小的数列,如果位数多的话,使用 MSD 的效率会比较好;MSD 的方式恰好与 LSD 相反,是以高位数为基底开始进行分配,其他的演算方式则都相同。请读者自行实现 MSD 的基数排序算法。

CHAPTER 5

第5章 串的应用

5.1 存储结构与基本运算的算法

1. 顺序串

采用顺序存储结构的串简称顺序串。

(1) 顺序串的C语言描述如下(存放于seqstring.h文件中):

```
typedef struct                                  /*顺序串结构定义*/
{
    DataType data[MAXNUM];
    int len;
}SString;
```

(2) 基本运算的算法如下(存放于seqstring.c文件中):

① 建立串。

```
void SStringCreate(SString * s)                 /*建立顺序串*/
{
    int i,j;
    char c;
    printf("请输入要建立的串的长度:");
    scanf("%d",&j);
    for(i=0;i<j;i++)
    {
        printf("请输入串的第%d个字符:",i+1);
        fflush(stdin);
        scanf("%c",&c);
        s->data[i]=c;
    }
    s->data[i]='\0';
    s->len=j;
}
```

② 输出串。

```
void SStringPrint(SString * s)                  /*输出顺序串*/
{
```

```
    int i;
    for(i=0;i<s->len;i++)
        printf("%c",s->data[i]);
    printf("\n");
}
```

③ 判断空串函数。

```
int SStringIsEmpty(SString * s)  /* 判断顺序串是否为空,若串 s 为空则返回 1,否则返回 0 */
{
    if(s->len==0)
        return TRUE ;
    else
        return FALSE;
}
```

④ 求串长度。

```
int SStringLength(SString * s)                        /* 顺序串长度 */
{
    return(s->len);
}
```

⑤ 复制串。

```
void SStringCopy(SString * s,SString t)               /* 将串 t 的值复制到串 s 中 */
{
    int i;
    for(i=0;i<t.len;i++)
        s->data[i]=t.data[i];
    s->len=t.len;
}
```

⑥ 串比较。

```
int SStringCompare(SString s,SString t)
                    /* 若串 s=t,则返回 0;若 s>t,则返回正数;若 s<t,则返回负数 */
{
    int i;
    for(i=0;i<s.len&&i<t.len;i++)
        if(s.data[i]!=t.data[i])
            return(s.data[i] -t.data[i]);
    return(s.len -t.len);
}
```

⑦ 串连接。

```
int SStringConcat(SString * s,SString t)              /* 将串连接在串 s 的后面 */
{
```

```
    int i,flag;
    if(s->len+t.len<=MAXNUM)                              /* 连接后串长小于 MAXNUM */
    {
        for(i=s->len;i<s->len +t.len;i++)
            s->data[i]=t.data[i-s->len];
        s->len+=t.len;
        flag=TRUE;
    }
    else
    if(s->len<MAXNUM)          /* 连接后串长大于 MAXNUM,串 t 的部分字符序列被舍弃 */
    {
        for(i=s->len;i<MAXNUM;i++)
            s->data[i]=t.data[i-s->len];
        s->len=MAXNUM;
        flag=FALSE;
    }
    else
        flag=0;                           /* 串 s 的长度等于 MAXNUM ,串 t 不被连接 */
    return flag;
}
```

⑧ 插入串。

```
int SStringInsert(SString * s,int pos,SString t)
                                          /* 在串 s 中下标为 pos 的字符之前插入串 t */
{
    int i;
    if(pos<0||pos>s->len)                          /* 插入位置不合法 */
        return ERROR;
    if(s->len +t.len<=MAXNUM)                      /* 插入后串长小于等于 MAXNUM */
    {
        for(i=s->len +t.len-1;i>=t.len +pos;i--)
            s->data[i]=s->data[i-t.len];
        for(i=0;i<t.len;i++)
            s->data[i+pos]=t.data[i];
        s->len=s->len+t.len;
    }
    else
    {
        if(pos+t.len<=MAXNUM)
                              /* 插入后串长大于 MAXNUM,但串 t 的字符序列可以全部插入 */
        {
            for(i=MAXNUM-1;i>t.len+pos-1;i--)
                s->data[i]=s->data[i-t.len];
            for(i=0;i<t.len;i++)
```

```
            s->data[i+pos]=t.data[i];
        s->len=MAXNUM;
    }
    else                    /* 插入后串长大于 MAXNUM,并且串 t 的部分字符也要舍弃 */
    {
        for(i=0;i<MAXNUM-pos;i++)
            s->data[i+pos]=t.data[i];
        s->len=MAXNUM;
    }
  }
  return OK;
}
```

⑨ 删除串。

```
int SStringDelete(SString * s,int pos,int len)
                                    /* 在串 s 中删除从下标 pos 起 len 个字符 */
{
    int i;
    if(pos<0||pos>(s->len-len))           /* 删除参数不合法 */
        return ERROR;
    for(i=pos+len;i<s->len;i++)
        s->data[i-len]=s->data[i];
                          /* 从 pos+len 字符至串尾依次向前移动,实现删除 len 个字符 */
    s->len=s->len -len;                /* s 串长减 len,修改串长 */
    return OK;
}
```

⑩ 顺序串基本运算综合实例(存放于 51mainseqstring.c 文件中)。

```
#include "consts.h"
typedef char DataType;
#define MAXNUM 20
#include "seqstring.h"
#include "seqstring.c"
int main(int argc,char * argv[])
{
    SString s;
    int choice,begin,end;
    while(TRUE)
    {
        printf("\t 请选择操作:\n");
        printf("\t1、建立串;\n");
        printf("\t2、输出串;\n");
        printf("\t3、求串长度;\n");
        printf("\t4、删除部分字符串;\n");
```

```
        printf("\t5、退出;\n");
        scanf("% d",&choice);
        switch(choice)
        {
            case 1: SStringCreate(&s);
                    break;
            case 2: SStringPrint(&s);
                    break;
            case 3: printf("串的长度是:");
                    printf("% d\n",SStringLength(&s));
                    break;
            case 4: printf("请输入删除字符串的起始位置:");
                    scanf("% d",&begin);
                    printf("请输入删除字符串的长度:");
                    scanf("% d",&end);
                    SStringDelete(&s,begin,end);
                    printf("新串为:");
                    SStringPrint(&s);
                    break;
            case 5: return 0;
        }
    }
    return 0;
}
```

2. 链串

串的链式存储结构简称链串。

链串的C语言描述如下(存放于linkstring.h文件中):

```
typedef struct linknode
{
    char data;
    struct linknode * next;
}linkstring;                          /* 定义链串类型,每个字符用一个结点表示 */
```

链串是结点为字符型的单链表的特殊情况,所以其运算的算法这里就不重复了。

5.2 KMP算法

1. 问题描述

求一个字符串在另一个字符串中第一次出现的位置。

2. 设计要求

利用键盘输入两个字符串,一个设定为主串,另一个设定为子串,对这两个字符串应用 KMP 算法，求出子串在主串中第一次出现的位置。

3. 数据结构

本课程设计使用的数据结构是字符串，利用顺序串来实现。

4. 分析与实现

分析：子串中的每个字符依次和主串中的一个连续的字符序列相等，则称为匹配成功，反之称为匹配不成功。当某个位置匹配不成功的时候，应该从子串的下一个位置开始新的比较。将这个位置的值存放在 next 数组中，其中 next 数组中的元素满足条件 next[j]=k，表示当子串中的第 j+1 个字符发生匹配不成功的情况时，应该从子串的第 k+1个字符开始新的匹配。如果已经得到了子串的 next 数组，匹配可如下进行：将指针 i 指向主串 S，指针 j 指向模式串 T 中当前正在比较的位置。将指针 i 和指针 j 指向的字符相比较，如两字符相等，则顺次比较后面的字符；如不相等，则指针 i 不动，回溯指针 j，令其指向模式串 T 的第 pos 个字符，使 T[0～pos－1]＝S[i－pos～i－1]。然后指针 i 和指针 j 所指向的字符按此种方法继续比较，直到 j＝m－1，即在主串 S 中找到模式串 T 为止。next 函数的编写为整个算法的核心，设计出快速正确的 next 函数也是 KMP 算法的重中之重。

下面利用递推思想来设计 next 函数：

(1) 令 next[0]＝－1(当 next[j]＝－1 时，证明字符串匹配要从模式串的第 0 个字符开始，且第 0 个字符并不和主串的第 i 个字符相等，i 指针向前移动)。

(2) 假设 next[j]＝k，说明 T[0～k－1]＝T[j－k～j－1]。

(3) 现在求 next[j＋1]：

① 当 T[j]＝T[k]时，说明 T[0～k]＝T[j－k～j]，这时分为两种情况讨论：当 T[j＋1]!＝T[k＋1]时，显然 next[j＋1]＝k＋1；当 T[j＋1]＝T[k＋1]时，说明 T[k＋1]和 T[j＋1]一样，都不和主串的字符相匹配，因此 m＝k＋1，j＝next[m]，直到 T[m]!＝t[j＋1]，next[j＋1]＝m。

② 当 T[j]!＝T[k]时，必须在 T[0～k－1]中找到 next[j＋1]，这时 k＝next[k]，直到 T[j]＝T[k]，next[j＋1]＝next[k]。这样就通过递推思想求得了匹配串 T 的 next 函数。

```
#include "consts.h"
typedef char DataType;
void GetNext(DataType * t,int * next,int tlength)
                                        /* 求模式串 t 的 next 函数值并存入数组 next * /
{
    int i=1,j=0;
    next[1]=0;
    while(i<tlength)
    {
        if(j==0||t[i]==t[j])
```

```
        {
            ++i;
            ++j;
            next[i]=j;
        }
        else
            j=next[j];
    }
}
int IndexKmp(DataType * s,DataType * t,int pos,int tlength,int slength,int * next)
                    /* 利用模式串 t 的 next 函数求 t 在主串 s 中第 pos 个字符之后的位置 */
{
    int i=pos,j=1;
    while(i<=slength&&j<=tlength)
    {
        if(j==0||s[i]==t[j])                /* 继续比较后继字符 */
        {
            ++i;
            ++j;
        }
        else                                /* 模式串向后移动 */
            j=next[j];
    }
    if(j>tlength)                           /* 匹配成功,返回匹配起始位置 */
        return i-tlength;
    else
        return 0;
}
int main(int argc,char * argv[])
{
    int locate,tlength,slength,next[256];
    DataType s[256],t[256];
    printf("请输入第一个串(母串): ");
    slength=strlen(gets(s+1));
    printf("请输入第二个串(子串): ");
    tlength=strlen(gets(t+1));
    GetNext(t,next,tlength);
    locate=IndexKmp(s,t,0,tlength,slength,next);
    printf("匹配位置:%d\n",locate);
    return 0;
}
```

注意：本课程设计的详细代码存放于光盘 52kmp.c 文件中。

5. 运行与测试

```
请输入第一个串(母串): abcdef
请输入第二个串(子串): cde
匹配位置: 3
Press any key to continue
```

6. 总结与思考

KMP算法是串模式匹配的一种典型算法。通过本课程设计,读者可以学习和掌握KMP算法的设计思想,总结KMP算法的优缺点。在完成本课程设计的基础上可以扩展其功能,如求得子串在主串中出现的次数等,使本课程设计更加完善。

5.3 最长公共子串

1. 问题描述

以顺序存储结构表示串,求两个字符串中的最长公共子串。

2. 设计要求

程序实现任意输入两个字符串,并对它们进行比较,求得两个字符串中最长的公共子串。如果这两个串没有公共子串,则输出 NULL。约束条件是串的长度不能超过256个字符。

3. 数据结构

本课程设计采用顺序串来实现。

4. 分析与实现

分析:先动态申请两个字符串的存储空间,然后从键盘输入两个字符串。求出两个字符串的长度,将长度较小的字符串作为第一个参数,将长度较大的字符串作为第二个参数。调用函数 CommonString(DataType shortstring[],DataType longstring[]),利用库函数 strstr()来判断较短的字符串(shortstring)是否完全包含在较长的字符串(longstring)中,如果包含,则返回 shortstring。具体判断过程如下:使用循环语句依次验证两个字符串中子串的各个字符是否匹配,若不匹配则继续循环比较,子串匹配则用字符串 substring 来存储,然后继续从下一个字符开始进行比较,来查找两个字符串中是否还有其他匹配的子串,然后与已存储的匹配子串进行长度比较,将较长的子串存储到字符串 substring 中。直至比较结束,在字符串 substring 中存储的即为所求的两个字符串的最长公共子串。

```
#include"consts.h"
typedef char DataType;
```

```
DataType * CommonString(DataType shortstring[],DataType longstring[])
{
    int i,j;
    DataType * substring=malloc(256);
              /* strstr 函数从字符串 longstring 中寻找 substring 第一次出现的位置 */
    if(strstr(longstring,shortstring)!=NULL)
                     /* 如果 longstring 包含 shortstring,那么返回 shortstring */
        return shortstring;
    for(i=strlen(shortstring)-1;i>0;i--)                    /* 否则,开始循环计算 */
    {
        for(j=0;j<=strlen(shortstring)-i;j++)
        {
      /* memcpy 函数将 shortstring 内存中的前 i 个字节复制到 substring 所在内存的地址上 */
        memcpy(substring,&shortstring[j],i);
        substring[i]='\0';
        if(strstr(longstring,substring)!=NULL)
            return substring;
        }
    }
    return NULL;
}
int main(int argc,char * argv[])
{
    DataType * str1=malloc(256);
    DataType * str2=malloc(256);
    DataType * comman=NULL;
    printf("请输入第一个串:");
    gets(str1);
    printf("请输入第二个串:");
    gets(str2);
    if(strlen(str1)>strlen(str2))                    /* 将较短的字符串放前面 */
        comman=CommonString(str2,str1);
    else
        comman=CommonString(str1,str2);
    printf("最长公共子串为:%s\n",comman);
    free(str1);
    free(str2);
    return 0;
}
```

注意：本课程设计的详细代码存放于光盘 53commonstring.c 文件中。

5. 运行与测试

```
请输入第一个串: abcdef
请输入第二个串: acdmp
最长公共子串为: cd
Press any key to continue
```

6. 总结与思考

通过本课程设计的实现，读者能够进一步加深对字符串运算的理解。在此基础上，可以适当地扩展本课程设计，使其功能更加完善。比如用字符串表示两个集合，求两个集合之间的相关运算。

作为一条规律，一个好的算法是反复努力和重新修正的结果，即使足够幸运地得到了一个貌似完美的算法思想，也应该尝试着改进它。

5.4 大整数计算器

1. 问题描述

实现大整数(200 位以内的整数)的加、减、乘、除运算。

2. 设计要求

设计程序实现两个大整数的四则运算，输出这两个大整数的和、差、积、商及余数。

3. 数据结构

本课程设计采用顺序串来实现。

4. 分析与实现

分析：由于整型数据存储位数有限，因此引入串的概念，将整型数据用字符串进行存储，利用字符串的一个字符存储大整数的一位数值，然后根据四则运算规则，对相应位依次进行相应运算，同时保存进位，从而实现大整数精确的运算。

具体设计思路如下：

(1) 计算大整数加法时，采用数学中列竖式的方法，从个位(即字符串的最后一个字符)开始逐位相加，超过或达到 10 则进位，同时将该位计算结果存到另一个字符串中，直至加完大整数的所有位为止。

(2) 计算大整数减法时，首先调用库函数 strcmp 判断这两个大整数是否相等，如果相等则结果为 0，否则用 Compare 函数判断被减数和减数的大小关系，进而确定结果为正数还是负数，然后对齐位依次进行减法，不够减则向前借位，直至求出每一位减法之后的结果。

(3) 计算大整数乘法时，首先让乘数的每一位都和被乘数进行乘法运算，两个乘数之积与进位相加作为当前位乘积，求得当前位的同时获取进位值，进而实现大整数的乘法运算。

(4) 计算大整数除法时，类似做减法，基本思想是反复做减法，从被除数里最多能减去多少次除数，所求得的次数就是商，剩余不够减的部分则是余数，这样便可计算出大整数除法的商和余数。

```
#include "consts.h"
#define MAXNUM 200
#define MAXLEN MAXNUM
typedef char DataType;
int Compare(const DataType * a,const DataType * b)
{
    int lena=strlen(a);
    int lenb=strlen(b);
    if(lena!=lenb)
        return lena>lenb?1:-1;
    else
        return strcmp(a,b);
}
void AdditionInt(DataType * augend,DataType * addend,DataType * sum)
{
    int caug[MAXLEN]={0};                       /* 用来存储被加数的整型数组 */
    int cadd[MAXLEN]={0};                       /* 用来存储加数的整型数组 */
    int csum[MAXLEN]={0};                       /* 用来存储两数之和的整型数组 */
    int carry=0;                                /* 进位 */
    int s=0;                                    /* 两数之和 */
    int lenaug=strlen(augend),lenadd=strlen(addend); /* 被加数和加数字符串的长度 */
    int lenmin=lenaug<lenadd?lenaug:lenadd;      /* 两个加数的长度中较小值 */
    int i,j;
    for(i=0;i<lenaug;i++)
                /* 逆序复制加数和被加数到整型数组(因为加法运算是从低位开始) */
        caug[i]=augend[lenaug-1-i]-'0';
    for(i=0;i<lenadd;i++)
        cadd[i]=addend[lenadd-1-i]-'0';
    for(i=0;i<lenmin;i++)                    /* 加法运算过程 */
    {
        s=caug[i]+cadd[i]+carry;             /* 两个加数之和与进位的和作为当前位的值 */
        csum[i]=s%10;                        /* 存储当前位 */
        carry=s/10;                          /* 获取进位 */
    }
    while(i<lenaug)                          /* 处理加数或被加数超出长度 lenmin 的部分 */
    {
        s=caug[i]+carry;
        csum[i]=s%10;
        carry=s/10;
        i++;
    }
    while(i<lenadd)
    {
        s=cadd[i]+carry;
```

```
        csum[i]=s%10;
        carry=s/10;
        i++;
    }
    if(carry>0)                             /*处理最后一个进位*/
        csum[i++]=carry;
    for(j=0;j<i;j++)                        /*逆序存储两数之和到字符串 sum*/
        sum[j]=csum[i-1-j]+'0';
    sum[i]='\0';
}
void SubtrationInt (DataType * minuend, DataType * subtrahend, DataType *
difference)
{
    int len,lenm,lenS,lenmin,i,j,k;
    int flag;                                       /*记录结果是整数还是负数*/
    int cm[MAXLEN]={0};                             /*用来存储被减数的整型数组*/
    int cs[MAXLEN]={0};                             /*用来存储减数的整型数组*/
    int cd[MAXLEN]={0};                             /*用来存储两数之差的整型数组*/
    if(strcmp(minuend,subtrahend)==0)               /*如果两数相等,则返回 0*/
    {
        strcpy(difference,"0");
        return;
    }
    lenm=strlen(minuend),lenS=strlen(subtrahend);     /*被减数和减数字符串的长度*/
    lenmin=lenm<lenS?lenm:lenS;                       /*两个减数的长度中较小值*/
    if(Compare(minuend,subtrahend)>0)
      /*逆序复制减数和被减数到整型数组(因为减法运算是从低位开始),保证 cm 大于 cs*/
    {
        flag=0;                                     /*被减数大于减数,结果为正数*/
        for(i=0;i<lenm;i++)
            cm[i]=minuend[lenm-1-i]-'0';
        for(i=0;i<lenS;i++)
            cs[i]=subtrahend[lenS-1-i]-'0';
    }
    else
    {
        flag=1;         /*被减数小于减数,结果为负数,此时要用 subtrahend-minuend*/
        for(i=0;i<lenm;i++)
            cs[i]=minuend[lenm-1-i]-'0';
        for(i=0; i<lenS; i++)
            cm[i]=subtrahend[lenS-1-i]-'0';
    }
    for(i=0;i<lenmin;i++)                             /*减法运算过程*/
    {
```

```
        if(cm[i]>=cs[i])                          /* 被减数大于减数,直接相减 */
            cd[i]=cm[i]-cs[i];
        else                                      /* 否则,向前借位 */
        {
            cd[i]=cm[i]+10-cs[i];
            --cm[i+1];
        }
    }
    len=lenm>lenS?lenm:lenS;
    while(i<len)
    {
        if(cm[i]>=0)
            cd[i]=cm[i];
        else
        {
            cd[i]=cm[i]+10;
            --cm[i+1];
        }
        i++;
    }
    while(cd[i-1]==0)
        i--;
    j=0;
    if(flag==1)                          /* 如果被减数小于减数,返回一个负数 */
        difference[j++]='-';
    for(k=i-1;k>=0;k--,j++)              /* 逆序存储两数之差到字符串 sum */
        difference[j]=cd[k]+'0';
    difference[j]='\0';
}
void MultiplicationInt(DataType * multiplicand,DataType * multiplier,DataType *
product)
{
    int cd[MAXLEN]={0};                        /* 用来存储被乘数的整型数组 */
    int cr[MAXLEN]={0};                        /* 用来存储乘数的整型数组 */
    int cp[MAXLEN]={0};                        /* 用来存储两数乘积的整型数组 */
    DataType tcp[MAXLEN]="";                   /* 用来存储两数乘积的整型数组 */
    int lenD=strlen(multiplicand),lenR=strlen(multiplier);
                                               /* 被乘数和乘数字符串的长度 */
    int i,j,k;
    int carry;                                 /* 进位 */
    int mul=0;                                 /* 两数乘积 */
    for(i=0;i<lenD;i++)  /* 逆序复制乘数和被乘数到整型数组(因为乘法运算是从低位开始) */
        cd[i]=multiplicand[lenD-1-i]-'0';
    for(i=0;i<lenR; i++)
```

```
        cr[i]=multiplier[lenR-1-i]-'0';
    strcpy(product,"0");               /* 先使 product 的值为 0 */
    for(i=0;i<lenR;i++)                /* 乘法运算过程 */
    {
        carry=0;                       /* 进位 */
        for(j=0;j<lenD;j++)            /* 乘数的每一位都和被乘数进行乘法运算 */
        {
            mul=cd[j] * cr[i]+carry;   /* 两个乘数之积与进位相加之和作为当前位的值 */
            cp[j]=mul%10;              /* 存储当前位 */
            carry=mul/10;              /* 获取进位 */
        }
        if(carry>0)                    /* 获取最后一个进位 */
            cp[j++]=carry;
        while(cp[j-1]==0)              /* 去掉多余的 0 */
            --j;
        for(k=0;k<j;k++)               /* 逆序复制当前位的乘积 tP 到字符串 tcp */
            tcp[k]=cp[j-1-k]+'0';
        for(j=0;j<i;j++)               /* 注意各位数得到的结果应相应左移 */
            tcp[k++]='0';
        tcp[k]='\0';
        AdditionInt(product,tcp,product);    /* 对字符串进行加法运算 */
    }
}
void DivisionInt (DataType * dividend, DataType * divisor, DataType * quotient,
DataType * remainder)
{
    DataType buf[2]="0";                     /* 临时数组依次存储被除数的每一位数 */
    int i,j,s,k;
    if(Compare(dividend,divisor)==0)         /* 被除数等于除数 */
    {
        strcpy(quotient,"1");
        strcpy(remainder,"0");
        return;
    }
    if(strcmp(divisor,"0")==0||Compare(dividend,divisor)<0)    /* 被除数小于除数 */
    {
        strcpy(quotient,"0");
        strcpy(remainder,dividend);
        return;
    }
    strcpy(remainder,"");                    /* 先使 product 的值为空 */
    for(i=0,k=0;dividend[i]!='\0';i++)
    {
        s=0;
```

```
        buf[0]=dividend[i];
        strcat(remainder,buf);          /* 连接上被除数的一位数,改变当前余数 */
        while(Compare(remainder,divisor)>=0)  /* 连减求商 */
        {
            s++;
            SubtrationInt(remainder,divisor,remainder);
        }
        quotient[k++]=s+'0';            /* 记录每一位得到的商值 */
        if(strcmp(remainder,"0")==0)
            strcpy(remainder,"");       /* 使 product 的值为空,去掉多余的 0 */
    }
    quotient[k]='\0';
    for(i=0;quotient[i]=='0';i++);      /* 去掉多余的 0 */
    for(j=i;j<=k;j++)
        quotient[j-i]=quotient[j];
}
int Radix(DataType * tostr,DataType * fromstr)
                  /* 去掉原字符串的小数点,把浮点数转化成整数后存储到新的字符串 */
{
    int i=0,j=0,len;
    while(fromstr[i]!='.'&&fromstr[i]!='\0')
        tostr[j++]=fromstr[i++];
    len=i++;                            /* 跳过小数点,并记录该位置 */
    while(fromstr[i]!='\0')
        tostr[j++]=fromstr[i++];
    return i-len-1;                     /* 记录小数点后的数字个数 */
}
int main(int argc,char * argv[])
{
    DataType a[MAXLEN]={0};
    DataType b[MAXLEN]={0};
    DataType c[3 * MAXLEN]={0};
    DataType d[MAXLEN]={0};
    printf("请输入第一个数:");
    gets(a);
    printf("请输入第二个数:");
    gets(b);
    AdditionInt(a,b,c);
    printf("两者之和:");
    puts(c);
    SubtrationInt(a,b,c);
    printf("两者之差:");
    puts(c);
    MultiplicationInt(a,b,c) ;
```

```
    printf("两者之积:") ;
    puts(c);
    DivisionInt(a,b,c,d);
    printf("两者之商:");
    puts(c);
    printf("余数:");
    puts(d);
    return 0;
}
```

注意：本课程设计的详细代码存放于光盘 54largeinteger.c 文件中。

5. 运行与测试

```
请输入第一个数：44444444444
请输入第二个数：22222222
两者之和：44466666666
两者之差：44422222222
两者之积：987654311101234568
两者之商：2000
余数：444
Press any key to continue_
```

6. 总结与思考

通过本课程设计实例，使读者进一步加深对串运算的理解和运用，在本实例基础上读者可以思考实现任意大非负整数的乘方、阶乘等运算。随着编程实践经验的不断积累，由量变到质变，就会达到融会贯通，这样，读者就成了计算机编程的高手。

CHAPTER 6

第6章 多维数组和广义表的应用

6.1 存储结构与基本运算的算法

1. 多维数组

数组通常采用顺序存储结构,前面有相关的讨论,这里不再重复。

2. 三元组表

若将表示稀疏矩阵的非零元素的三元组按行优先的顺序排列,则得到一个其结点均是三元组的线性表,将该线性表的顺序存储结构称为三元组表。

(1) 三元组表的C语言描述如下(存放于smtriple.h文件中):

```
typedef struct                              /*稀疏矩阵三元组的元素结构定义*/
{
    int row,col;                            /*行标,列标*/
    DataType e;                             /*元素值*/
} Triple;
typedef struct                              /*三元组数据结构*/
{
    Triple data[MAXNUM+1];
    int m,n,len;                            /*行数,列数,非零元素个数*/
} TSMatrix;
```

(2) 基本运算的算法如下(存放于smtriple.c文件中):

① 建立稀疏矩阵的三元组表的算法。

```
void TSMatrixCreate(TSMatrix * table)       /*三元组创建*/
{
    int i;
    printf("请输入稀疏矩阵中非零元素的个数:");
    scanf("%d",&table->len);
    while(table->len>MAXNUM+1)
    {
        printf("矩阵中非零元素的个数不能超过%d,请重新输入!\n",MAXNUM+1);
```

```
        printf("请输入矩阵中非零元素的个数：");
        scanf("%d",&table->len);
    }
    printf("请输入矩阵的行数：");
    scanf("%d",&table->m);
    printf("请输入矩阵的列数：");
    scanf("%d",&table->n);
    printf("\n\n 请输入矩阵中的元素...\n\n");
    for(i=0;i<table->len;i++)
    {
        printf("请输入第%d 个元素.\n",i+1);
        printf("行标：");
        scanf("%d",&table->data[i].row);
        while(table->data[i].row>table->m)
        {
            printf("行标应该小于等于%d,请重新输入!\n",table->m);
            printf("行标：");
            scanf("%d",&table->data[i].row);
        }
        printf("列标：");
        scanf("%d",&table->data[i].col);
        while(table->data[i].col>table->n)
        {
            printf("列标应该小于等于%d,请重新输入!\n",table->n);
            printf("列标：");
            scanf("%d",&table->data[i].col);
        }
        printf("元素值：");
        scanf("%d",&table->data[i].e);
        puts("\n");
    }
}
```

② "列序"递增转置法。

```
void TSMatrixTranspose(TSMatrix A,TSMatrix * B)              /* "列序"递增转置法 */
{                                /* 把矩阵 A 转置到 B 所指向的矩阵中去。矩阵用三元组表表示 */
    int i,j,k;
    B->m=A.n;
    B->n=A.m;
    B->len=A.len;
    if(B->len>0)
    {
        j=0;             /* j 为辅助计数器,记录转置后的三元组在三元组表 B 中的下标值 */
        for(k=1; k<=A.n; k++)
```

```
                /* 扫描三元组表 A 共 k 次,每次寻找列值为 k 的三元组进行转置 */
            for(i=0; i<A.len; i++)
                if(A.data[i].col==k)
                    {   /* 从头至尾扫描三元组表 A,寻找 col 值为 k 的三元组进行转置 */
                        B->data[j].row=A.data[i].col;
                        B->data[j].col=A.data[i].row;
                        B->data[j].e=A.data[i].e;
                        j++;
                        /* 计数器 j 自加,指向下一个存放转置后三元组的下标 */
                    }
    }
}
```

③ “按位快速转置”法。

```
void TSMatrixFastTranspose(TSMatrix A,TSMatrix * B)          /*“按位快速转置”法 */
{   /* 基于矩阵的三元组表示,采用“按位快速转置”法,将矩阵 A 转置为矩阵 B */
    int col,t,p,q;
    int num[MAXNUM], position[MAXNUM];
    B->len=A.len;
    B->n=A.m;
    B->m=A.n;
    if(B->len)
    {
        for(col=1;col<=A.n;col++)
            num[col]=0;
            for(t=0;t<A.len;t++)
                num[A.data[t].col]++;                 /* 计算每一列的非零元素的个数 */
            position[1]=0;
            for(col=2;col<=A.len;col++)
                    /* 求 col 列中第一个非零元素在 B.data[ ]中的正确位置 */
                position[col]=position[col-1]+num[col-1];
            for(p=0;p<A.len;p++)
                    /* 将被转置矩阵的三元组表 A 从头至尾扫描一次,实现矩阵转置 */
            {
                col=A.data[p].col;
                q=position[col];
                B->data[q].row=A.data[p].col;
                B->data[q].col=A.data[p].row;
                B->data[q].e=A.data[p].e;
                position[col]++;
                /* position[col]加 1,指向下一个列号为 col 的非零元素在三元组表 B 中
                   的下标值 */
            }
    }
}
```

④ 稀疏矩阵三元组表示实例。

存放于61mainsmtriple.c文件中。

```
#include "consts.h"
#define MAXNUM 125
typedef int DataType;
#include "smtriple.h"
#include "smtriple.c"
int main(int argc,char * argv[])
{
    TSMatrix T1,T2;
    printf("\n\n创建第一个矩阵...\n");
    TSMatrixCreate(&T1);
    TSMatrixPrint(&T1);
    TSMatrixTranspose(T1,&T2);
    TSMatrixPrint(&T2);
    return 0;
}
```

3. 十字链表

十字链表是表示稀疏矩阵的一种链式存储结构。在该表示方法中，每个非零元素用一个结点表示，结点中除了表示非零元素所在的行、列和值的三元组外，还增加了两个指针域：行指针域(right)，用来指向本行中下一个非零元素；列指针域(down)，用来指向本列中下一个非零元素。

(1) 用C语言描述十字链表如下(存放于smlist.h文件中)：

```
typedef struct OLNode                          /* 十字链表结点定义 */
{
    int row,col;                               /* 行,列 */
    DataType e;                                /* 元素值 */
    struct OLNode * right, * down;             /* 行、列指针 */
} OLNode, * OLink;
typedef struct                                 /* 十字链表数据结构定义 */
{
    OLink * row_head, * col_head;              /* 十字链表行首,列首指针 */
    int m,n,len;
} CrossList;
```

(2) 基本运算的算法如下(存放于smlist.c文件中)：

① 建立稀疏矩阵的十字链表的算法。

```
int CrossListCreate(CrossList * table)         /* 创建十字链表 */
{
    int i,j,e;
```

```
OLNode * p, * q;
table->len=0;
printf("请输入矩阵的行数：");
scanf("%d",&table->m);
printf("请输入矩阵的列数：");
scanf("%d",&table->n);
if(!(table->row_head=(OLink * )malloc((table->m+1) * sizeof(OLink))))
{
    printf("空间分配失败！");
    return ERROR;
}
if(!(table->col_head=(OLink * )malloc((table->n+1) * sizeof(OLink))))
{
    printf("空间分配失败！");
    return ERROR;
}
for(i=1;i<=table->m;i++)
    table->row_head[i]=NULL;
for(i=1;i<=table->n;i++)
    table->col_head[i]=NULL;
printf("\n\n 请输入矩阵中的元素,行标为零结束输入!\n\n");
printf("请输入行标:");
scanf("%d",&i);
while(i>table->m)
{
    printf("行标应该小于%d,请重新输入!\n",table->m);
    printf("请输入行标:");
    scanf("%d",&i);
}
while(i!=0)
{
    printf("请输入列标:");
    scanf("%d",&j);
    while(j>table->n)
    {
        printf("列标应该小于%d,请重新输入!\n",table->n);
        printf("请输入列标:");
        scanf("%d",&j);
    }
    printf("请输入元素值:");
    scanf("%d",&e);
    if(!(p=(OLNode * )malloc(sizeof(OLNode))))
    {
        printf("空间分配失败!");
```

```
            return ERROR;
        }
        p->row=i;p->col=j;p->e=e;
        if((table->row_head[i])==NULL||(table->row_head[i]->col)>j)
        {
            p->right=table->row_head[i];
            table->row_head[i]=p;
        }
        else
        {
            for(q=table->row_head[i];(q->right)&&(q->right->col<j);q=q->right);
            p->right=q->right;
            q->right=p;
        }
        if(table->col_head[j]==NULL||table->col_head[j]->row>i)
        {
            p->down=table->col_head[j];
            table->col_head[j]=p;
        }
        else
        {
            for(q=table->col_head[j];(q->down)&&(q->down->row<i);q=q->down);
            p->down=q->down;
            q->down=p;
        }
        (table->len)++;
        printf("请输入行标:");
        scanf("%d",&i);
        while(i>table->m)
        {
            printf("行标应该小于%d,请重新输入!\n",table->m);
            printf("请输入行标:");
            scanf("%d",&i);
        }
    }
    return OK;
}
```

② 建立稀疏矩阵的十字链表的算法。

```
void CrossListPrint(CrossList * table)
{
    int i,j;
    OLNode * p;
    for(i=1;i<=table->m;i++)
```

```
    {
        p=table->row_head[i];
        for(j=1;j<=table->n;j++)
        {
            if(p&&(p->col)==j)
            {
                printf("%6d",p->e);
                p=p->right;
            }
            else
                printf("%6d",0);
        }
    }
}
```

③ 稀疏矩阵十字链表表示实例。

存放于 61mainsmlist.c 文件中。

```
#include "consts.h"
typedef int DataType;
#include "smlist.h"
#include "smlist.c"
int main(int argc,char * argv[])
{
    CrossList M;
    int x;
    printf("开始创建矩阵!\n");
    x=CrossListCreate(&M);
    printf("输出矩阵!\n");
    CrossListPrint(&M);
    return 0;
}
```

4. 广义表

(1) 头尾链表存储结构。

广义表中的每一个元素用一个结点来表示，表中有两类结点：一类是原子结点，另一类是子表结点。

广义表的头尾链表存储结构类型定义如下(存放于 generallist.h 文件中)：

```
typedef enum {ATOM, LIST}ElemTag;        /* ATOM=0,表示原子;LIST=1,表示子表 */
typedef struct GLNode
{
    ElemTag tag;                         /* 标志位 tag 用来区别原子结点和表结点 */
    union
```

```
    {
        AtomType atom;                    /* 原子结点的值域 atom */
        struct
        {
            struct GLNode * hp, * tp;
        }ptr;    /* 表结点的指针域 ptr,包括表头指针域 hp 和表尾指针域 tp */
    }atom_ptr;  /* atom_ptr 是原子结点的值域 atom 和表结点的指针域 ptr 的联合体域 */
} GLNode, * GList;
```

(2) 广义表的基本运算如下(存放于 generallist.c 文件中):

① 求广义表的表头。

```
GList Head(GList L)
{
    if(L==NULL)
    return(NULL);                         /* 空表无表头 */
    if(L->tag==ATOM)
        exit 0;                           /* 原子不是表 */
    else
        return(L->atom_ptr.ptr.hp);
}
```

② 求广义表的表尾。

```
GList Tail(GList L)
{
    if(L==NULL)
        return(NULL);                     /* 空表无表尾 */
    if(L->tag==ATOM)
        exit 0;                           /* 原子不是表 */
    else
        return(L->atom_ptr.ptr.tp);
}
```

③ 求广义表的长度。

```
int Length(GList L)
{
    int n=0;
    GLNode * s;
    if(L==NULL)
        return 0;                         /* 空表长度为 0 */
    if(L->tag==ATOM)
        exit 0;                           /* 原子不是表 */
    s=L;
    while(s!=NULL)                        /* 统计最上层表的长度 */
```

```
    {
        k++;
        s=s->atom_ptr.ptr.tp;
    }
    return(k);
}
```

④ 求广义表的深度。

```
int Depth(GList L)
{
    int d,max;
    GLNode * s;
    if(L==NULL)
        return TRUE;                        /* 空表深度为 1 */
    if(L->tag==ATOM)
        return ERROR;                       /* 原子深度为 0 */
    s=L;
    while(s!=NULL)                          /* 求每个子表的深度的最大值 */
    {
        d=Depth(s->atom_ptr.ptr.hp);
        if(d>max)
            max=d;
        s=s->atom_ptr.ptr.tp;
    }
    return(max+1);                          /* 表的深度等于最深子表的深度加 1 */
}
```

⑤ 统计广义表中原子数目。

```
int CountAtom(GList L)
{
    int n;
    GLNode * s;
    if(L==NULL)
        return 0;                           /* 空表中没有原子 */
    if(L->tag==ATOM)
        return 1;                           /* L 指向单个原子 */
    s=L;
    n=0;
    while(s!=NULL)                          /* 求每个子表的原子数目之和 */
    {
        n=n+CountAtom(s->atom_ptr.ptr.hp);
        s=s->atom_ptr.ptr.tp;
    }
```

```
    return(n);
}
```

⑥ 复制广义表。

```
int CopyGlist(GList S, GList * T)
{
    if(S==NULL)
    {
     * T=NULL;
        return(OK);
}                                                   /* 复制空表 */
* T=(GLNode * )malloc(sizeof(GLNode));
    if( * T==NULL)
        return(ERROR);
     ( * T)->tag=S->tag;
    if(S->tag==ATOM)
         ( * T)->atom=S->atom;                      /* 复制单个原子 */
    else
    {
        CopyGList(S->atom_ptr.ptr.hp, &(( * T)->atom_ptr.ptr.hp));
                                                    /* 复制表头 */
        CopyGList(S->atom_ptr.ptr.tp, &(( * T)->atom_ptr.ptr.tp));
                                                    /* 复制表尾 */
    }
    return(OK);
}
```

6.2 魔 方 阵

1. 问题描述

魔方阵是一个古老的智力问题，它要求在一个 $m \times m$ 的矩阵中填入 $1 \sim m^2$ 的数字（m 为奇数），使得每一行、每一列、每条对角线的累加和都相等，如图 6-1 所示。

6	1	8
7	5	3
2	9	4

(a) 三阶魔方阵

15	8	1	24	17
16	14	7	5	23
22	20	13	6	4
3	21	19	12	10
9	2	25	18	11

(b) 五阶魔方阵

图 6-1 魔方阵示例

2. 设计要求

（1）输入魔方阵的行数 m，要求 m 为奇数，程序对所输入的 m 作简单的判断，如 m 有错，能给出适当的提示信息。

（2）实现魔方阵。

（3）输出魔方阵。

3. 数据结构

本课程设计使用的数据结构是数组。

4. 分析与实现

解魔方阵问题的方法很多，这里采用如下规则生成魔方阵。

（1）由 1 开始填数，将 1 放在第 0 行的中间位置；

（2）将魔方阵想象成上下、左右相接，每次往左上角走一步，会有下列情况：

① 左上角超出上方边界，则在最下边相对应的位置填入下一个数字；

② 左上角超出左边边界，则在最右边相对应的位置填入下一个数字；

③ 如果按上述方法找到的位置已填入数据，则在同一列下一行填入下一个数字。

以 3×3 魔方阵为例，说明其填数过程，如图 6-2 所示。

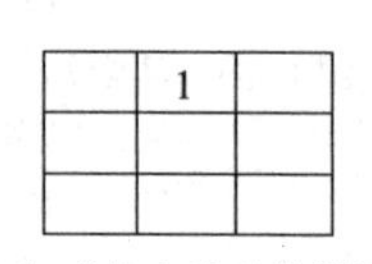

(a) (n–1)/2=1,(0,1)位置填 1

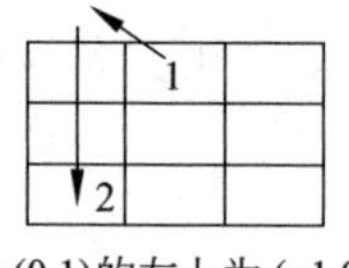

(b) (0,1)的左上为 (–1,0), 调整位置为 (2,0),填 2

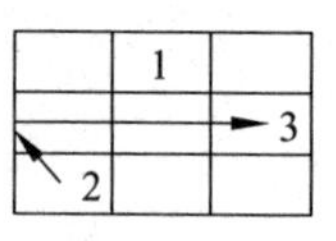

(c) (2,0)的左上为 (1,–1), 调整位置为 (1,2),填 3

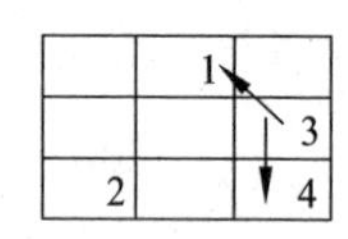

(d) (1,2)的左上为 (0,1),已有数字, 调整位置为 (2,2),填 4

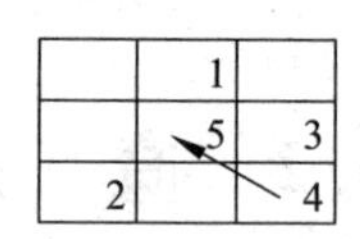

(e) (2,2)的左上为 (1,1),填 5

(f) (1,1)的左上为 (0,0),填 6

(g) (0,0)的左上为 (–1,–1),调整位置为 (2,2),已有数字,调整位置为(1,0),填 7

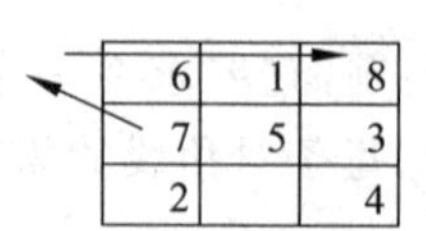

(h) (1,0)的左上为 (0,–1), 调整位置为 (0,2),填 8

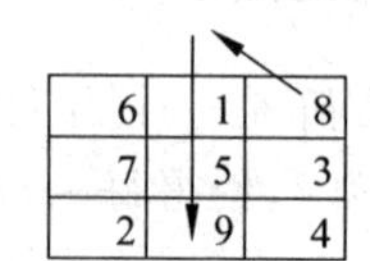

(i) (0,2)的左上为 (–1,1), 调整位置为 (2,1),填 9

图 6-2　三阶魔方阵的生成过程

由三阶魔方阵的生成过程可知，某一位置(x, y)的左上角的位置是(x－1, y－1)，如果 x－1≥0，不用调整，否则将其调整为(x－1＋m)；同理，如果 y－1≥0，不用调整，否则将其调整为(y－1＋m)。所以，位置(x, y)的左上角的位置可以用求模的方法获得，即：

```
x= (x-1+m) %m
```

```
y=(y-1+m)%m
```

如果所求的位置已经有数据了，将该数据填入同一列下一行的位置。这里需要注意的是，此时的 x 和 y 已经变成之前的上一行上一列了，如果想变回之前位置的下一行同一列，x 需要跨越两行，y 需要跨越一列，即：

```
x=(x+2)%m
y=(y+1)%m
```

魔方阵的生成算法如下：

```
#include "consts.h"
void MagicSquare(int a[20][20],int m)       /*生成魔方阵*/
{
    int x,y,i;
    i=1;
    x=0;y=m/2;                              /*设起始位置为第一行中间列*/
    a[x][y]=i;                              /*在起始位置添 1*/
    for(i=2;i<=m*m;i++)
    {
        x=(x-1+m)%m;                        /*求左上角位置的行号*/
        y=(y-1+m)%m;                        /*求左上角位置的列号*/
        if(a[x][y]>0)                       /*如果当前位置有数,则添入当前列的下一行*/
        {
            x=(x+2)%m;                      /*此时的 x 和 y 已经变成之前的上一行上一列了*/
                          /*如果想变回之前位置的下一列,x 需要跨越两行,y 需要跨越一列*/
            y=(y+1)%m;
        }
        a[x][y]=i;
    }
}
void MagicSquareInit(int a[20][20],int m)    /*将二维数组每个数组元素的值都设为 0*/
{
    int i,j;
    for(i=0;i<m;i++)
        for(j=0;j<m;j++)
            a[i][j]=0;
}
void MagicSquarePrint(int a[20][20],int m)   /*输出魔方阵*/
{
    int i,j;
    for(i=0;i<m;i++)
    {
        for(j=0;j<m;j++)
            printf("%5d",a[i][j]);
        printf("\n");
```

```
    }
}
int main(int argc,char * argv[])
{
    int ms[20][20];
    int t=TRUE;
    int m;
    while(t)
    {
        printf("请输入要生成魔方阵的阶数 M(要求 0<M<20,并且 M 为奇数)!\n");
        scanf("%d",&m);
        if(m<=0||m>20)
            printf("魔方阵的阶数 M 应该大于 0 并且小于 20!\n");
        else if(m %2==0)
            printf("魔方阵的阶数 M 应该为奇数!\n");
        else
            t=0;
    }
    MagicSquareInit(ms,m);
    MagicSquare(ms,m);
    MagicSquarePrint(ms,m);
    return 0;
}
```

注意：本课程设计的详细代码存放于光盘 62magicsquare.c 文件中。

5. 运行与测试

输入：−1(M<0)

输出：

```
-1
魔方阵的阶数M应该大于0并且小于20!
请输入要生成魔方阵的阶数M (要求0<M<20, 并且M为奇数) !
```

输入：21 (M>20)

输出：

```
21
魔方阵的阶数M应该大于0并且小于20!
请输入要生成魔方阵的阶数M (要求0<M<20, 并且M为奇数) !
```

输入：4(偶数)

输出：

```
4
魔方阵的阶数M应该为奇数!
请输入要生成魔方阵的阶数M (要求0<M<20, 并且M为奇数) !
```

输入：3

输出：

```
3
    6   1   8
    7   5   3
    2   9   4
Press any key to continue
```

6. 总结与思考

在运行程序时，可以给出一些错误的输入，查看程序的运行结果。读者还可以考虑使用其他方法生成魔方阵。任何算法都有不同的实现方法，通过采用不同实现方法来重新实现算法，这要比单纯学习算法的效果好得多。

6.3 稀疏矩阵的加法运算

1. 问题描述

输入任意两个稀疏矩阵 A 和 B，可以求出它们的和矩阵 C。

2. 设计要求

(1) 输入两个稀疏矩阵的行数、列数以及非零元素，创建稀疏矩阵。

(2) 实现两个稀疏矩阵的加法运算。

(3) 输出稀疏矩阵。

(4) 要求用两种数据结构实现。

3. 数据结构

本课程设计分别使用三元组表和十字链表两种数据结构来实现。

4. 分析与实现

方法一：用三元组表实现

采用结构体表示三元组和三元组表。

(1) 创建稀疏矩阵。

在三元组表中，稀疏矩阵是以行优先顺序存放的，因此创建矩阵时，只需用户按行优先顺序输入每一个非零元素的行标、列标和值，并将其依次存入三元组表中。

(2) 两个稀疏矩阵相加。

两个矩阵 A、B 相加实际上就是 A、B 两个矩阵对应位置上的元素相加，求结果矩阵 C 中的元素可按如下步骤进行：

① 从 A、B 两个三元组表中各取出一个元素 A. data[m]和 B. data[n]。

② 由于稀疏矩阵是将元素按行优先顺序存放的，因此两个元素相加有如下 5 种情况：

- A. data[m]. row=B. data[n]. row，并且 A. data[m]. col=B. data[n]. col，此时两个元素可相加得到 C 矩阵中的元素，即 C. data[k] =A. data[m] +B. data[n]，同时 m、n、k 各加 1。
- data[m]. row=B. data[n]. row，并且 A. data[m]. col<B. data[n]. col，此时 A 矩阵中的元素即为 C 矩阵中的元素，即 C. data[k] =A. data[m]，同时 m、k 各加 1。
- A. data[m]. row=B. data[n]. row，并且 A. data[m]. col>B. data[n]. col，此时 B 矩阵中的元素即为 C 矩阵中的元素，即 C. data[k] =B. data[n]，同时 n、k 各加 1。
- A. data[m]. row<B. data[n]. row，此时 A 矩阵中的元素即为 C 矩阵中的元素，即 C. data[k] =A. data[m]，同时 m、k 各加 1。
- A. data[m]. row>B. data[n]. row，此时 B 矩阵中的元素即为 C 矩阵中的元素，即 C. data[k] =B. data[n]，同时 n、k 各加 1。

③ 判断 m、n 的情况，如果 m<A. len，并且 n<B. len，转到步骤①。

④ 判断 m 的值，如果 m<A. len，则依次将 A 矩阵中的剩余元素复制到 C 矩阵中。

⑤ 判断 n 的值，如果 n<B. len，则依次将 B 矩阵中的剩余元素复制到 C 矩阵中。

（3）输出矩阵。

输出矩阵时，元素有两种情况：零和非零，因此每输出一个元素时，可将当前行标和列标与三元组表中的当前元素 A. data[n]进行对比，如果行标和列标都匹配，则输出三元组表中的当前元素，同时 n 加 1，否则输出 0。

具体代码如下：

```
#include "consts.h"
typedef int DataType;
#define MAXNUM 1250
#include "smtriple.h"
#include "smtriple.c"
int TripleAdd(TSMatrix * a,TSMatrix * b,TSMatrix * c)
{
    int k,l;
    DataType temp;
    if(a->m!=b->m)
    {
        printf("两矩阵的行数不相同,不能进行加法运算!\n");
        return FALSE;
    }
    else if(a->n!=b->n)
    {
        printf("两矩阵的列数不相同,不能进行加法运算!\n");
        return FALSE;
    }
    c->m=a->m;
```

```
c->n=a->n;
c->len=0;
k=0;l=0;
while(k<a->len&&l<b->len)
{
    if((a->data[k].row==b->data[l].row)&&(a->data[k].col==b->data[l].col))
    {
        temp=a->data[k].e+b->data[l].e;
        if(temp)
        {
            c->data[c->len].row=a->data[k].row;
            c->data[c->len].col=a->data[k].col;
            c->data[c->len++].e=temp;
            k++;l++;
        }
    }
    if(((a->data[k].row==b->data[l].row)&&(a->data[k].col<b->data[l].col))
        ||(a->data[k].row<b->data[l].row))
    {
        c->data[c->len].row=a->data[k].row;
        c->data[c->len].col=a->data[k].col;
        c->data[c->len++].e=a->data[k].e;
        k++;
    }
    if(((a->data[k].row==b->data[l].row)&&(a->data[k].col>b->data[l].col))
        ||(a->data[k].row>b->data[l].row))
    {
        c->data[c->len].row=b->data[l].row;
        c->data[c->len].col=b->data[l].col;
        c->data[c->len++].e=b->data[l].e;
        l++;
    }
}
while(k<a->len)
{
    c->data[c->len].row=a->data[k].row;
    c->data[c->len].col=a->data[k].col;
    c->data[c->len++].e=a->data[k].e;
    k++;
}
while(l<b->len)
{
    c->data[c->len].row=b->data[l].row;
    c->data[c->len].col=b->data[l].col;
```

```
        c->data[c->len++].e=b->data[l].e;
        l++;
    }
    return OK;
}
int main(int argc,char * argv[])
{
    int t;
    TSMatrix T1,T2,T3;
    printf("\n\n创建第一个矩阵...\n");
    TSMatrixCreate(&T1);
    TSMatrixPrint(&T1);
    printf("\n\n创建第二个矩阵...\n");
    TSMatrixCreate(&T2);
    TSMatrixPrint(&T2);
    printf("\n\n矩阵相加...");
    t=TripleAdd(&T1,&T2,&T3);
    if(t)
        TSMatrixPrint(&T3);
    return 0;
}
```

注意：本课程设计的详细代码存放于光盘 63matrixaddtriple.c 文件中。

方法二：用十字链表实现

采用结构体表示每个元素结点和十字链表。

(1) 创建稀疏矩阵。

在十字链表中，每个元素以一个结点的形式存放，并且所有的结点分别按行序和列序连成链表。因此创建矩阵时，只需要当输入一个元素时生成结点，然后将其插入到行序链表和列序链表中的正确位置。

(2) 两个稀疏矩阵相加。

两个矩阵 A、B 相加实际上就是 A、B 两个矩阵对应位置上的元素相加，求结果矩阵 C 中的元素可按如下步骤进行：

① 让 m 和 n 分别指向 A、B 两个十字链表的第 i(i 初始化为 1)行的第一个元素。

② C 矩阵中第 i 行，第 j(j 初始化为 1)列的元素设为 p。p 的值取决于列序 j 与 m 和 n 所指向元素的情况，可分为下列 4 种情况：

- m. col＝n. col＝j，此时两个元素可相加得到 C 矩阵中的元素，此时生成点 p，p. row＝1，p. col＝m. col，p. e＝m. e＋n. e，并将 p 插入到 C 矩阵的行序和列序链表中，同时 m 和 n 分别指向行序链表中的下一个元素，j 加 1。
- m. col＝j，此时 m 代表的 A 矩阵中的元素即为 C 矩阵中的元素，此时生成点 p，p. row＝1，p. col＝j，p. e＝m. e，并将 p 插入到 C 矩阵的行序和列序链表中，同时 m 指向行序链表中的下一个元素，j 加 1。

- n. col=j，此时 n 代表的 B 矩阵中的元素即为 C 矩阵中的元素，生成点 p，p. row=1，p. col=j，p. e=n. e，并将 p 插入到 C 矩阵的行序和列序链表中，同时 n 指向行序链表中的下一个元素，j 加 1。
- j≠m. col 且 j≠n. col，j 加 1。

判断 j 的值，如果 j<C. n，转到步骤②。

③ i 加 1，判断 i 的值，如果 i<C. m，转到步骤①。

(3) 输出矩阵。

输出矩阵时，元素有两种情况：零和非零，因此每输出一个元素时，可将当前行标和列标与十字链表中的当前元素 p 进行对比，如果行标和列标都匹配，则输出 p，同时 p 指向行序中的下一个结点，否则输出 0。

具体代码如下：

```
#include "consts.h"
typedef int DataType;
#define MAXNUM 1250
#include "smlist.h"
#include "smlist.c"
int CrossListAdd(CrossList * a,CrossList * b,CrossList * c)
{
    int i,j;
    OLNode * p, * q, * m, * n;
    if(a->m!=b->m)
    {
        printf("两矩阵的行数不相同,不能进行加法运算!\n");
        return FALSE;
    }
    if(a->n!=b->n)
    {
        printf("两矩阵的列数不相同,不能进行加法运算!\n");
        return FALSE;
    }
    c->m=a->m;
    c->n=a->n;
    c->len=0;
    if(!(c->row_head=(OLink *)malloc((c->m+1) * sizeof(OLink))))
    {
        printf("空间分配失败!");
        return ERROR;
    }
    if(!(c->col_head=(OLink *)malloc((c->n+1) * sizeof(OLink))))
    {
        printf("空间分配失败!");
        return ERROR;
```

```
    }
    for(i=1;i<=c->m;i++)
        c->row_head[i]=NULL;
    for(i=1;i<=c->n;i++)
        c->col_head[i]=NULL;
    for(i=1;i<=c->m;i++)
    {
        m=a->row_head[i];
        n=b->row_head[i];
        for(j=1;j<=c->n;j++)
            if(m&&m->col==j|| n&& n->col==j)
            {
                if(!(p=(OLNode*)malloc(sizeof(OLNode))))
                {
                    printf("空间分配失败!");
                    return ERROR;
                }
                if((m&&n)&&(m->col==n->col))
                {
                    p->row=m->row;
                    p->col=m->col;
                    p->e=m->e+n->e;
                    m=m->right;
                    n=n->right;
                }
                else if(m&&m->col==j)
                {
                    p->row=m->row;
                    p->col=m->col;
                    p->e=m->e;
                    m=m->right;
                }
                else
                {
                    p->row=n->row;
                    p->col=n->col;
                    p->e=n->e;
                    n=n->right;
                }
                if((c->row_head[i])==NULL||(c->row_head[i]->col)>j)
                {
                    p->right=c->row_head[i];
                    c->row_head[i]=p;
                }
```

```
            else
            {
                for(q=c->row_head[i];(q->right)&&(q->right->col<j);
                    q=q->right);
                p->right=q->right;
                q->right=p;
            }
            if(c->col_head[j]==NULL||c->col_head[j]->row>i)
            {
                p->down=c->col_head[j];
                c->col_head[j]=p;
            }
            else
            {
                for(q=c->col_head[j];(q->down)&&(q->down->row<i);
                    q=q->down);
                p->down=q->down;
                q->down=p;
            }
        (c->len)++;
        }
    }
    return OK;
}
int main(int argc,char * argv[])
{
    CrossList M,N,T;
    int x;
    printf("开始创建第一个矩阵!\n");
    x=CrossListCreate(&M);
    if(x)
        CrossListPrint(&M);
    else
        printf("创建矩阵失败!");
    printf("开始创建第二个矩阵!\n");
    x=CrossListCreate(&N);
    if(x)
        CrossListPrint(&N);
    else
        printf("创建矩阵失败!");
    x=CrossListAdd(&M,&N,&T);
    if(x)
    {
        printf("\n两矩阵相加结果: \n");
```

```
        CrossListPrint(&T);
    }
    else
        printf("矩阵相加失败!\n");
    return 0;
}
```

注意：本课程设计的详细代码存放于光盘63matrixaddcrosslist.c文件中。

5. 运行与测试

(1) 三元组形式：

输入：(数字部分为输入部分)

```
创建第一个矩阵...
请输入矩阵中非零元素的个数：6
请输入矩阵的行数：3
请输入矩阵的列数：3


请输入矩阵中的元素...

请输入第1个元素.
行标：1
列标：1
元素值：1
```

输出：

```
输出矩阵：

    1    1    1

    0    0    0

    2    3    3
```

输入：

```
创建第二个矩阵....
请输入矩阵中非零元素的个数：3
请输入矩阵的行数：3
请输入矩阵的列数：3


请输入矩阵中的元素...

请输入第1个元素.
```

输出：

```
输出矩阵：

    0    0    0

    1    1    1

    0    0    0
```

```
矩阵相加....
输出矩阵:
     1     1     1
     1     1     1
     2     3     3
```

(2) 十字链表形式:

输入:

```
开始创建第一个矩阵!
请输入矩阵的行数: 3
请输入矩阵的列数: 3


请输入矩阵中的元素,行标为零结束输入!

请输入行标:1
请输入列标:1
请输入元素值:1
请输入行标:2
请输入列标:2
请输入元素值:2
请输入行标:3
请输入列标:3
请输入元素值:3
请输入行标:0
     1     0     0
     0     2     0
     0     0     3
```

输入:(第二个矩阵的建立同上)

输出:

```
矩阵相加....
输出矩阵:
     1     1     1
     1     1     1
     2     3     3
```

6. 总结与思考

在运行程序时,可以给出一些错误的输入,查看程序的运行结果。读者还可以考虑实现稀疏矩阵的其他运算。

6.4 本科生导师制问题

1. 问题描述

在高校的教学改革中,有很多学校实行了本科生导师制。一个班级的学生被分给几个老师,每个老师带 n 个学生,如果该老师还带研究生,那么研究生也可直接带本科生。

本科生导师制问题中的数据元素具有如下形式：

(1) 导师带研究生：

(老师,((研究生 1,(本科生 1, …,本科生 m_1)),(研究生 2,(本科生 1, …,本科生 m_2)) …))

(2) 导师不带研究生：

(老师,(本科生 1, …, 本科生 m))

导师的自然情况只包括姓名、职称；研究生的自然情况只包括姓名、班级；本科生的自然情况只包括姓名、班级。

2. 设计要求

要求完成以下功能：

(1) 建立：建立导师广义表；

(2) 插入：将某位本科生或研究生插入到广义表的相应位置；

(3) 删除：将某本科生或研究生从广义表中删除；

(4) 查询：查询导师、本科生(研究生)的情况；

(5) 统计：某导师带了多少个研究生和本科生；

(6) 输出：将某导师所带学生情况输出；

(7) 退出：程序结束。

3. 数据结构

本课程设计使用的数据结构是广义表，广义表采用头尾链表存储结构来实现。

4. 分析与实现

引入头文件和定义教师、学生结点结构体如下：

```
#include"consts.h"
typedef struct GLNode
{
    char name[100];                    /* 教师或学生的姓名 */
    char prof[100];                    /* 教师结点表示职称,学生结点表示班级 */
    int type;                          /* 结点类型: 0—教师,1—研究生,2—本科生 */
    struct {struct GLNode * hp, * tp;}ptr;
                                       /* hp指向同级的下一结点,tp指向下级的首结点 */
} GList;
```

人员信息的表示形式为：高老师-教授-0、李刚-二班-1、李明-二班-2。

人员信息中的姓名、职称、班级、人员类型用“-”隔开，如高老师-教授-0，“高老师”表示姓名，“教师”表示职称，“0”表示人员的类型是教师；李刚-二班-1，“李刚”表示姓名，“二班”表示班级，“1”表示人员的类型是研究生；李明-二班-2，“李明”表示姓名，“二班”表示班级，“2”表示人员的类型是本科生。

广义表((高老师-教授-0,(李明-一班-2,王平-二班-2)),(李老师-副教授-0,(白梅-二班-1,(李刚-一班-2))))可以用图 6-3 表示。

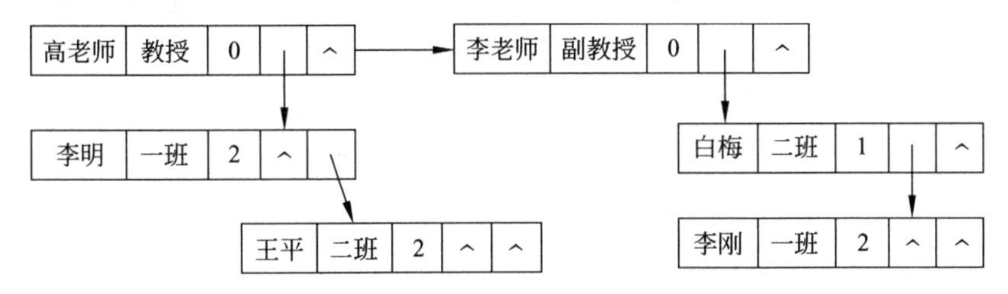

图 6-3　导师制用广义表实现示例

(1) 建立导师广义表。

导师广义表以字符串的形式输入,所以建立表时首先要将字符串中的信息提取出来。每提取出一个信息元(包括姓名、职称或班级、类型),就可以生成一个结点。问题的关键就在于如何将结点链接形成广义表。在将一个结点连入广义表时,导师结点、研究生结点和本科生结点的连入方式基本相同。需要特殊考虑的有两个问题:一是待连入结点是首结点还是普通结点,两者的处理方式不同;二是本科生结点连入时,本科生结点是直属于导师还是直属于研究生的。具体代码如下:

```
GList * GListCreate(char * str)                    /* 建立广义表 */
{
    GList * head, * p, * q, * m, * a;              /* 简要介绍: head 指向头结点,不变;
              p 指向导师结点;q 指向研究生结点;a 指向本科生结点; m 指向新建立的结点 */
    int i=0,j=0,flag=0,flag1=0,flag2=0,len=strlen(str);
    head=p=q=m=a=NULL;
    while(i<len)
    {
        if(str[i]==')'||str[i]=='('||str[i]==','|| str[i]==')'||str[i]=='('|| str[i]==',')
        {
            i++;
            continue;
        }
        else
        {
            if(!(m=(GList * )malloc(sizeof(GList))))
                exit(1);
            for(j=0;str[i] !='-';)          /* 将字符串中的学生信息转化成学生结点 */
                m->name[j++]=str[i++];
            m->name[j]='\0';
            for(j=0,++i;str[i] !='-';)
                m->prof[j++]=str[i++];
            m->prof[j]='\0';
            m->type=str[++i] -48;
```

```
m->ptr.hp=m->ptr.tp=NULL;
i++;
if(m->type==0)                              /*导师结点的处理*/
{
    if(flag)
    {
        p->ptr.hp=m;                        /*非首结点*/
        p=m;
    }
    else
    {
        head=p=m;                           /*首结点的处理*/
        flag=1;
    }
    flag1=0;
    a=q=m;
                /*a在此等于m,主要是处理本科生直属于导师的情况*/
}
else if(m->type==1)                         /*研究生结点*/
{
    if(flag1)
    {
        q->ptr.hp=m;                        /*非首结点的处理*/
        q=m;
    }
    else
    {
        q->ptr.tp=m;                        /*首结点的处理*/
        q=m;
        flag1=1;
    }
    flag2=0;
    a=m;
}
else                                        /*本科生结点*/
{
    if(flag2)
    {
        a->ptr.hp=m;                        /*非首结点的处理*/
        a=m;
    }
    else
    {
        a->ptr.tp=m;                        /*首结点的处理*/
```

```
                    a=m;
                    flag2=1;
                }
            }
        }
    }
    return head;
}
```

（2）输出导师广义表。

输出广义表时，首先要输出导师，其次如果导师带研究生，则输出第一个研究生的信息，再输出这个研究生所带的本科生，然后是导师带的第二个研究生及该研究生所指导的本科生，依此类推。由此可见，输出时可按深度优先考虑。由于输出显示时，以逗号作为各项的分隔，以“()”表示层次级别，因此在输出时，要特殊考虑“,”和“()”的输出位置。

① 输出导师信息时，第一个输出的导师前面不用加“,”，而其余导师在输出时，为了和前项分隔，都需要先输出“,”，然后再输出具体信息。

② 每个导师结点和研究生结点在输出时，前面都要加“(”，而本科生结点是原子结点，所以每组中只有第一个本科生前面需要加“(”，其余本科生都不需要。

具体代码如下：

```
void GListPrint(GList * head)                   /* 输出广义表 */
{
    GList * p, * q, * a;                        /* 与 CreatGList 函数中的指向一样 */
    int flag=0,flag1=0,flag2=0;
    p=head;
    printf("(");
    while(TRUE)                                 /* 导师范畴 */
    {
        if(p==NULL) break;
        if(flag)
            printf(",(%s-%s-%d",p->name,p->prof,p->type);
        else
        {
            printf("(%s-%s-%d",p->name,p->prof,p->type);
            flag=1;
        }
        q=p->ptr.tp;
        flag2=flag1=0;
        while(TRUE)                             /* 研究生或本科生范畴 */
        {
            if(q==NULL) break;
            if(flag1)
```

```
          if(q->type==1)
             printf(",(%s-%s-%d",q->name,q->prof,q->type);
          else
             printf(",%s-%s-%d",q->name,q->prof,q->type);
      else
      {
          printf(",(%s-%s-%d",q->name,q->prof,q->type);
          flag1=1;
      }
      a=q->ptr.tp;
      flag2=0;
      while(TRUE)                                /*本科生范畴*/
      {
          if(a==NULL) break;
          if(flag2)
             printf(",%s-%s-%d",a->name,a->prof,a->type);
          else
          {
             printf(",(%s-%s-%d",a->name,a->prof,a->type);
             flag2=1;
          }
          a=a->ptr.hp;
      }
      if(flag2) printf(")");
      if(q->type==1||(q->ptr.hp==NULL))
          printf(")");
      q=q->ptr.hp;
   }
   printf(")");
   p=p->ptr.hp;
 }
 printf(")\n");
}
```

(3) 插入学生模块。

插入学生时,首先根据输入信息生成学生结点,用Slen指向该结点;其次要判断结点的类型是本科生还是研究生,根据判断结果具体操作。

① 插入本科生模块。

插入本科生时,首先要根据输入的导师判断该导师带不带研究生,如果导师只带本科生,那么这里,导师结点的tp域是直接指向本科生的,因此,需要将本科生结点以头插法插入到导师结点tp域所指向的链表中;如果导师带研究生,那么应该输入带该本科生的研究生姓名,然后查找该研究生,同样将本科生结点以头插法插入到该研究生结点tp域所指向的链表中。

② 插入研究生模块。

插入研究生时，同样需要根据输入的导师判断该导师带不带研究生，如果导师带研究生，就将研究生结点以头插法插入到导师结点 tp 域所指向的链表中；如果导师目前不带研究生，只带本科生，说明该研究生是此导师所带的第一个研究生，那么这个研究生就暂时对导师的所有本科生负责，即将导师的 tp 域赋值给研究生的 tp 域，导师只需直接负责该研究生，即导师的 tp 域指向该研究生。

具体代码如下：

```
GList * StudentInsert(GList * head)                          /* 插入学生 */
{
    char slen[100],teacher[100],graduate[100];
    GList * Slen, * p, * q;
    int i,j;
    p=head;
    printf("请输入待插入学生信息,如:李刚-二班-1\n");
    scanf("%s",slen);
    if(!(Slen=(GList * )malloc(sizeof(GList))))
        exit(1);
    for(i=0,j=0;slen[i] !='-';)
        Slen->name[j++]=slen[i++];
    Slen->name[j]='\0';
    for(j=0,++i;slen[i] !='-';)
        Slen->prof[j++]=slen[i++];
    Slen->prof[j]='\0';
    Slen->type=slen[++i] -48;
    Slen->ptr.hp=Slen->ptr.tp=NULL;
    if(Slen->type==2)
    {
        printf("请输入所属导师:\n");
        scanf("%s",teacher);
        while(strcmp(p->name,teacher))
        {
            p=p->ptr.hp;
            if(p==NULL) break;
        }
        if(p==NULL)
            printf("不存在此导师!\n");
        else
        {
            if(p->ptr.tp==NULL||p->ptr.tp->type==2)
            {
                Slen->ptr.hp=p->ptr.tp;
                p->ptr.tp=Slen;
```

```
                printf("插入成功!\n");
            }
            else
            {
                printf("请输入所属研究生:\n");
                scanf("%s",graduate);
                q=p->ptr.tp;
                while(strcmp(q->name,graduate))
                {
                    q=q->ptr.hp;
                    if(q==NULL) break;
                }
                if(q==NULL)
                    printf("该研究生不存在,不能插入!\n");
                else
                {
                    Slen->ptr.hp=q->ptr.tp;
                    q->ptr.tp=Slen;
                    printf("插入成功!\n");
                }
            }
        }
    }
    else
    {
        printf("请输入所属导师:\n");
        scanf("%s",teacher);
        while(strcmp(p->name,teacher))
        {
            p=p->ptr.hp;
            if(p==NULL)
                break;
        }
        if(p==NULL)
            printf("不存在此导师!\n");
        else
        {
            if(p->ptr.tp==NULL||p->ptr.tp->type==1)
            {
                Slen->ptr.hp=p->ptr.tp;
                p->ptr.tp=Slen;
                printf("插入成功!\n");
            }
            else
```

```
            {
                Slen->ptr.tp=p->ptr.tp;
                /*printf("该导师只能带本科生,因此不能将研究生插入!\n");*/
                p->ptr.tp=Slen;
            }
        }
    }
    printf("\n");
    return head;
}
```

(4) 删除学生模块。

删除学生时,首先根据输入信息生成学生结点,用 Slen 指向该结点;其次要判断结点的类型是本科生还是研究生,根据判断结果具体操作。

① 删除本科生模块。

删除本科生时,由于不知道该学生在表中是否存在,以及属于哪个导师,因此要逐个导师进行查找。另外,在查找时还要判断该导师是否带研究生,如果带研究生,那么本科生是直属于研究生,因此还要逐个研究生进行查找;如果不带研究生,那么只需在导师的 tp 域所指向的链表中进行查找。当找到该本科生后,输出该本科生的详细信息,以便用户核对并确认删除操作。删除时还要判断待删除结点是不是本科级链表中的首结点,如果是首结点,则需要修改上级结点(导师结点或研究生结点)的 tp 域,让其等于待删除结点的 hp 域;如果不是首结点,则需要修改同级链表中前结点的 hp 域,让其等于待删除结点的 hp 域。

② 删除研究生模块。

删除研究生时,同样要逐个导师查找该研究生。找到该研究生后,需要判断研究生下面是否还有本科生,如果仍有负责的本科生,则不能删除该研究生。只有当该研究生不负责任何本科生的情况才允许删除,删除的方法与删除本科生相同。

具体代码如下:

```
GList *StudentDelete(GList *head)                    /*删除学生*/
{
    char slen[100];
    GList *Slen, *p, *q, *a, *m;
    int i,j;
    int flag=FALSE;                                  /*标记是否删除成功*/
    char ch;
    p=head;
    printf("请输入待删除学生信息,如:李刚-二班-1\n");
    scanf("%s",slen);
    if(!(Slen=(GList*)malloc(sizeof(GList))))
        exit(1);
    for(i=0,j=0;slen[i] !='-';)
```

```
    Slen->name[j++]=slen[i++];
Slen->name[j]='\0';
for(j=0,++i;slen[i] !='-';)
    Slen->prof[j++]=slen[i++];
Slen->prof[j]='\0';
Slen->type=slen[++i] -48;
if(Slen->type==2)
{
    while(p !=NULL&&flag==FALSE)
    {
        q=p->ptr.tp;
        if(q->type==2)
        {
            m=q;
            while(q!=NULL&&flag==FALSE)
            {
                if(!strcmp(q->name,Slen->name)&& !strcmp(q->prof,Slen->prof))
                {
                    printf("是否要删除这名本科学生: \n");
                    printf("学生: %6s %6s,导师: %6s
                        %6s\n",Slen->name,Slen->prof,p->name,p->prof);
                    printf("y 删除,n 不删除\n");
                    scanf("%c",&ch);
                    if(ch=='y'||ch=='Y')
                    {
                        if(p->ptr.tp==q)
                            p->ptr.tp=q->ptr.hp;
                        else
                            m->ptr.hp=q->ptr.hp;
                        free(q);                        /* 释放 q */
                        printf("删除成功!\n");
                    }
                    flag=TRUE;
                }
                else
                {
                    m=q;
                    q=q->ptr.hp;
                }
            }
        }
        else if(q->type==1)
            while(q !=NULL&&flag==FALSE)
            {
```

```
                a=q->ptr.tp;
                m=a;
                while(a !=NULL&&flag==FALSE)
                {
                    if(!strcmp(a->name,Slen->name)&&!strcmp(a->prof,Slen->prof))
                    {
                        printf("是否要删除这名学生：\n");
                        printf("学生：%6s %6s\n",Slen->name,Slen->prof);
                        printf("导师：%6s %6s\n",p->name,p->prof);
                        printf("研究生：%6s %6s\n",q->name,q->prof);
                        printf("y删除,n不删除");
                        getchar();
                        scanf("%c",&ch);
                        if(ch=='y'||ch=='Y')
                        {
                            if(q->ptr.tp==a)
                                q->ptr.tp=a->ptr.hp;
                            else
                                m->ptr.hp=a->ptr.hp;
                            free(q);                                /*释放q*/
                            printf("删除成功!\n");
                        }
                        flag=TRUE;
                    }
                    else
                    {
                        m=a;
                        a=a->ptr.hp;
                    }
                }
            q=q->ptr.hp;
        }
        p=p->ptr.hp;
    }
}
else
{
    while(p !=NULL&&flag==FALSE)
    {
        q=p->ptr.tp;
        m=q;
        while(q !=NULL&&flag==FALSE)
        {
            if(!strcmp(q->name,Slen->name)&&!strcmp(q->prof,Slen->prof))
```

```
                if(q->ptr.tp !=NULL)
                {
                    printf("研究生下面有本科生,如果想删除,需先把本科生移到其他
                            研究生组才可以!\n");
                    flag=1;
                }
                else
                {
                    printf("是否要删除这名研究生: \n");
                    printf("研究生: %6s %6s,导师: %6s %6s\n",Slen->name,Slen
                            ->prof,p->name,p->prof);
                    printf("y 删除,n 不删除");
                    getchar();
                    scanf("%c",&ch);
                    if(ch=='y'||ch=='Y')
                    {
                        if(p->ptr.tp==q)
                            p->ptr.tp=q->ptr.hp;
                        else
                            m->ptr.hp=q->ptr.hp;
                        free(q);                                /*释放 q*/
                        printf("删除成功!\n");
                    }
                    flag=TRUE;
                }
            else
            {
                m=q;
                q=q->ptr.hp;
            }
        }
        p=p->ptr.hp;
    }
}
if(!flag)
  printf("查无此人!\n");
printf("\n");
return head;
}
```

(5) 查询模块。

查询人员时,根据输入人员的姓名,查找该人员,该人员可能是导师、本科生、研究生,也可能在表中有重名的情况。因此在查找时,以深度优先搜索的方式进行查找,找到同名人员时,输出其信息。具体代码如下:

```
void Inquire(GList * head)                          /* 查询信息 */
{
    char slen[100];
    GList * p, * q, * a, * m;
    int flag=FALSE;
    p=head;
    printf("\n 请输入待查人员信息,如:李刚\n");
    scanf("%s",slen);
    while(p!=NULL)
    {
        q=p->ptr.tp;
        if(!strcmp(p->name,slen))
        {
            flag=TRUE;
            printf("\n 本人信息:姓名:%s 职称:%s 类型:导师\n",p->name,p->prof);
        }
        if(q->type==2)                               /* 该导师直接带本科生 */
        {
            a=q;
            while(a!=NULL)
            {
                if(!strcmp(a->name,slen))
                {
                    printf("\n 本人信息:姓名:%s 班级:%s 类型:本科生\n",a->name,a->prof);
                    printf("导师信息:姓名:%s 职称:%s\n",p->name,p->prof);
                    flag=TRUE;
                }
                m=a;
                a=a->ptr.hp;
            }
        }
        else
        {
            while(q!=NULL)
            {
                m=q;
                a=q->ptr.tp;
                if(!strcmp(q->name,slen))
                {
                    printf("\n 本人信息:姓名:%s 班级:%s 类型:研究生\n",q->name,q->prof);
                    printf("导师信息:姓名:%s 职称:%s\n",p->name,p->prof);
                    flag=TRUE;
                }
                while(a!=NULL)
```

```
                {
                    if(!strcmp(a->name,slen))
                    {
                        printf("\n本人信息:姓名:%s 班级:%s 类型:本科生\n",a->name,a->prof);
                        printf("导师信息:姓名:%s 职称:%s\n",p->name,p->prof);
                        printf("研究生信息:姓名:%s 班级:%s\n",q->name,q->prof);
                        flag=1;
                    }
                    m=a;
                    a=a->ptr.hp;
                }
                q=q->ptr.hp;
            }
        }
        p=p->ptr.hp;
    }
    if(!flag)
        printf("查无此人!\n");
    printf("\n");
}
```

(6) 统计导师所带的学生数模块。

分别统计导师名下的一级结点(研究生结点或本科生结点)和二级结点(本科生结点)的人数,然后判断导师是否带研究生,根据判断结果输出。具体代码如下:

```
void StudentCount(GList * head)             /* 统计导师的研究生、本科生人数 */
{
    char teacher[100];
    GList * p, * q, * a;
    int Gra=0,Ugra=0;
    p=head;
    printf("请输入老师姓名:\n");
    scanf("%s",teacher);
    while(strcmp(p->name,teacher))
    {
        p=p->ptr.hp;
        if(p==NULL)
            break;
    }
    if(p==NULL)
        printf("不存在该导师!\n");
    else
    {
        q=p->ptr.tp;
```

```
        while(q !=NULL)
        {
            Gra++;
            a=q->ptr.tp;
            while(a !=NULL)
            {
                Ugra++;
                a=a->ptr.hp;
            }
         q=q->ptr.hp;
        }
        if(p->ptr.tp->type==1)
        {
            printf("研究生人数: %d\n",Gra);
            printf("本科生人数: %d\n",Ugra);
        }
        else
            printf("本科生人数: %d\n",Gra);
    }
    printf("\n");
}
```

(7) 菜单和主函数。

```
void Menu()
{
    printf("*******************************************************************\n");
    printf("1.%35s\n","建立广义表");
    printf("2.%35s\n","插入学生");
    printf("3.%35s\n","删除学生");
    printf("4.%35s\n","查询信息");
    printf("5.%35s\n","统计导师的研究生、本科生人数");
    printf("6.%35s\n","输出广义表");
    printf("7.%35s\n","退出");
    printf("*******************************************************************\n");
}
int main(int argc,char * argv[])
{
    GList * Head;
    char str[100];
    int choice;
    while(TRUE)
    {
        Menu();
```

```
        scanf("%d",&choice);
        switch(choice)
        {
            case 1: printf("请输入您想建立的标准广义表,例如:((高老师-教授-0,
(李平-一班-2,杨梅-二班-2)),(李平-博士-0,(李平-三班-1,(李平-四班-2))))\n");
                    scanf("%s",str);
                    Head=GListCreate(str);
                    break;
            case 2: Head=StudentInsert(Head);
                    break;
            case 3: Head=StudentDelete(Head);
                    break;
            case 4: Inquire(Head);
                    break;
            case 5: StudentCount(Head);
                    break;
            case 6: GListPrint(Head);
                    break;
            case 7: return 0;
        }
    }
    return 0;
}
```

注意：本课程设计的详细代码存放于光盘 64teachergraduate.c 文件中。

5. 运行与测试

```
******************************************************************
1.                          建立广义表
2.                            插入学生
3.                            删除学生
4.                            查询信息
5.         统计导师的研究生、本科生人数
6.                          输出广义表
7.                                退出
******************************************************************
```

输入：1

```
1
请输入您想建立的标准广义表,例如:((高老师-教授-0,(李平-一班-2,杨梅-二班-2)),(李平
-博士-0,(李平-三班-1, (李平-四班-2))))
((高老师-教授-0,(李平-一班-2,杨梅-二班-2)),(李平-博士-0,(李平-三班-1, (李平-四班
-2))))
```

输入：6

```
6
((高老师-教授-0,(李平-一班-2,杨梅-二班-2)),(李平-博士-0,(李平-三班-1,(李平-四班-
2))))
```

输入：2

```
2
请输入待插入学生信息，如:李刚-二班-1
李刚-二班-1
请输入所属导师:
高老师
```

输入：6(查看)

```
6
<<高老师-教授-0,<李刚-二班-1,<李平-一班-2,杨梅-二班-2>>>,<李平-博士-0,<李平-三班
-1,<李平-四班-2>>>>
```

输入：3

```
3
请输入待删除学生信息，如:李刚-二班-1
李刚-二班-1
研究生下面有本科生，如果想删除，需先把本科生移到其他研究生组才可以!
```

输入：3

```
3
请输入待删除学生信息，如:李刚-二班-1
杨梅-二班-2
是否要删除这名学生:
学生:    杨梅    二班
导师:高老师    教授
研究生:    李刚    二班
y删除,n不删除y
删除成功!
```

输入：4(都取李平这个名字是为了验证所有叫李平这个名字的都能查到：导师、研究生、本科生)

```
4

请输入待查人员信息，如:李刚
李平

本人信息:姓名:李平 班级:一班 类型:本科生
导师信息:姓名:高老师 职称:教授
研究生信息:姓名:李刚 班级:二班

本人信息:姓名:李平 职称:博士 类型:导师

本人信息:姓名:李平 班级:三班 类型:研究生
导师信息:姓名:李平 职称:博士

本人信息:姓名:李平 班级:四班 类型:本科生
导师信息:姓名:李平 职称:博士
研究生信息:姓名:李平 班级:三班
```

输入：5

```
5
请输入老师姓名:
李平
研究生人数:  1
本科生人数:  1
```

输入：6

```
6
<<高老师-教授-0,<李刚-二班-1,<李平-一班-2>>>,<李平-博士-0,<李平-三班-1,<李平-四
班-2>>>>
```

输入：7

```
7
Press any key to continue
```

6. 总结与思考

在运行程序时，可以给出一些错误的输入，查看程序的运行结果。另外，可以考虑对程序做如下完善：

（1）可以将学生从一个导师组转到另一个导师组。

（2）可以在同一个导师组内修改本科生的研究生负责人。

（3）当研究生带本科生时，如果要删除该研究生，可根据情况，将本科生平均分配给该导师的其他研究生，如果没有其他研究生，则由导师直接负责。

（4）增加删除导师的功能。

（5）查询时，如果待查人员是导师，除了输出本人信息以外，还输出他所指导的学生信息；如果待查人员是研究生，除了输出其导师和本人信息以外，还输出他所负责的本科生信息。

CHAPTER 7

第7章 树状结构的应用

7.1 存储结构与基本运算的算法

1. 二叉树顺序存储结构

将给定的二叉树扩充为完全二叉树，然后按照完全二叉树的编号顺序依次存放到一个一维数组中，这就是二叉树的顺序存储结构。关于顺序存储结构和数组的使用，前面已经讨论很多，这里不再重复了。

2. 二叉树链式存储结构

二叉树最常用的链式存储结构是二叉链表。

(1) 二叉链表的C语言描述。

用C语言定义二叉链表如下(存放于bitree.h文件中)：

```
typedef struct BiTNode                          /*二叉链表数据结构定义*/
{
    DataType data;
    struct BiTNode *lchild, *rchild;
}BiTree;
```

(2) 基本运算的算法如下(存放于bitree.c文件中)：

① 建立二叉链表(非递归方法)。

```
BiTree *BiTreeCreate()                          /*非递归方法建立二叉链表*/
{
    BiTree *Q[MAXNUM];
    DataType ch;
    int front,rear;
    BiTree *s, *root;
    root=NULL;
    front=1;
    rear=0;                                     /*队列初始化*/
    printf("\t\t请按完全二叉树的编号顺序依次输入结点序列\n");
    printf("\t\t注:空结点用'@'表示,输入序列以'#'结束\n\t\t");
```

```
    ch=getchar();
    while(ch!='#')
    {
        s=NULL;
        if(ch!='@ ')
        {
            s=(BiTree*)malloc(sizeof(BiTree));          /*申请新结点*/
            s->data=ch;
            s->lchild=NULL;
            s->rchild=NULL;
        }
        rear++;
        Q[rear]=s;                       /*空结点和新结点都入队*/
        if(rear==1)
            root=s;                      /*rear是1,是根结点,用root指向它*/
        else
        {
            if(s&&Q[front])              /*当前结点和双亲结点都非空*/
            if(rear%2==0)                /*rear是偶数,新结点为双亲的左孩子*/
                Q[front]->lchild=s;
            else                         /*rear是奇数,新结点为双亲的右孩子*/
                Q[front]->rchild=s;
            if(rear%2==1)
                front++;                 /*rear是奇数,头指针front指向下一个双亲*/
            }
            ch=getchar();
        }
    return root;
}
```

② 先序遍历二叉树(递归算法)。

```
void BiTreePreTra(BiTree*t)          /*递归算法先序遍历二叉树*/
{
    if(t)                            /*初始条件:二叉树存在*/
    {
        printf("%c",t->data);        /*访问结点*/
        BiTreePreTra(t->lchild);     /*先序遍历左子树*/
        BiTreePreTra(t->rchild);     /*先序遍历右子树*/
    }
}
```

③ 中序遍历二叉树(递归算法)。

```
void BiTreeInTra(BiTree*t)           /*递归算法中序遍历二叉树*/
{
```

```
    if(t)
    {
        BiTreeInTra(t->lchild);                /*中序遍历左子树*/
        printf("%c",t->data);                  /*访问根结点*/
        BiTreeInTra(t->rchild);                /*中序遍历右子树*/
    }
}
```

④ 后序遍历二叉树(递归算法)。

```
void BiTreePostTra(BiTree * t)                 /*递归算法后序遍历二叉树*/
{
    if(t)
    {
        BiTreePostTra(t->lchild);              /*后序遍历左子树*/
        BiTreePostTra(t->rchild);              /*后序遍历右子树*/
        printf("%c",t->data);                  /*访问根结点*/
    }
}
```

⑤ 后序遍历求二叉树的深度。

```
int BiTreeDepthPost(BiTree * t)                /*递归算法后序遍历求二叉树的高度*/
{
    int hl,hr,max;
    if(t)
    {
        hl=BiTreeDepthPost(t->lchild);         /*求左子树的深度*/
        hr=BiTreeDepthPost(t->rchild);         /*求右子树的深度*/
        max=hl>hr?hl:hr;                       /*得到左、右子树深度较大者*/
        return max+1;                          /*返回树的深度*/
    }
    else
        return ERROR;                          /*如果是空树,则返回0*/
}
```

(3) 二叉树基本运算的实现。
存放于71mainbitree.c文件中。

```
#include "consts.h"
typedef char DataType;
#define MAXNUM 50
#include "bitree.h"
#include "bitree.c"
int main(int argc,char * argv[])
{
    BiTree * tree;
```

```
    int deep;
    tree=BiTreeCreate();                        /*建立二叉树*/
    deep=BiTreeDepthPost(tree);                 /*求二叉树高度*/
    printf("\n输出先序序列:     ");
    BiTreePreTra(tree);
    printf("\n输出中序序列:     ");
    BiTreeInTra(tree);
    printf("\n输出后序序列:     ");
    BiTreePostTra(tree);
    printf("\n输出二叉树的高度:%d\n",deep);
    return 0;
}
```

7.2 线索二叉树的创建与遍历

1. 问题描述

根据二叉树的先序遍历序列建立一棵中序线索二叉树,并以中序遍历序列输出。

2. 设计要求

(1) 按先序遍历序列输入每个结点的值,建立中序线索二叉树。
(2) 按中序遍历序列遍历线索二叉树,并输出结果。

3. 数据结构

本课程设计使用的数据结构是二叉树,二叉树采用线索链表存储结构来实现。

4. 分析与实现

引入头文件和定义二叉线索链表的存储结构如下:

```
#include "consts.h"
typedef char DataType;
typedef struct BiThrNode               /*二叉树的二叉线索链表的存储结构*/
{
    DataType data;
    struct BiThrNode *lchild, *rchild;       /*左右孩子指针*/
    int lflag,rflag;                   /*左右标志,值为0表示指针,值为1表示线索*/
}BiThrTree;
BiThrTree *current=NULL;               /*全局变量,始终指向刚刚访问过的结点*/
```

(1) 按先序遍历序列输入线索二叉树中每个结点的值,构造线索二叉树。

基本思想:依次输入各结点信息,若输入的结点不是空结点,则建立一个新结点。然后建立左孩子,如果结点有左孩子,则左标志为0;然后建立右孩子,若结点有右孩子,则右标志为 0。如此重复下去，直到输入结点的信息为“#”为止。

```
BiThrTree * CreateBiThrTree()
                        /* 按先序遍历序列输入树中各结点的值，构造线索二叉树 */
{
    BiThrTree * t;
    DataType ch;
    scanf("%c",&ch);
    if(ch=='#')                              /* 输入结束标志 */
        exit(0);
    if(ch=='@')                              /* 空结点标志 */
        t=NULL;
    else
    {
        t=(BiThrTree *)malloc(sizeof(BiThrTree));
        if(!t)                               /* 申请空间失败就退出 */
            exit(ERROR);
        t->data=ch;                          /* 按先序序列生成根结点 */
        t->lflag=0;                          /* 初始化时指针标志均为 0 */
        t->rflag=0;
        t->lchild=CreateBiThrTree();         /* 递归构造左子树 */
        t->rchild=CreateBiThrTree();         /* 递归构造右子树 */
    }
    return t;
}
```

(2) 按中序遍历将二叉树线索化。

① 二叉树线索化的递归算法基本思想：首先令全局指针变量 current 始终指向刚访问过的结点，t 指向当前正在访问的结点。结点 current 是结点 t 的前驱，t 是 current 的后继。该算法与中序遍历二叉树的算法类似，采用递归的方法，先线索化左子树，然后处理根结点，最后线索化右子树。对根结点的处理分为以下几步：

第一步，判断结点 t 的左和右指针域，若为空，则将其相应的标志置 1。

第二步，判断结点 t 的前驱结点 current，若不为空，则判断结点 current 的右标志，如果右标志为 1，则 current－＞rchild 指向它的后继结点 t；同样判断结点 t 的左标志，如果左标志为 1，则 t－＞lchild 指向其前驱结点 current。

第三步，current 指向刚访问过的结点 t。

```
void InThreading(BiThrTree * t)              /* 将二叉树中序线索化，使用递归方法 */
{
    if(t!=NULL)
    {
        InThreading(t->lchild);              /* 递归左子树线索化 */
        if(t->lchild==NULL)
            t->lflag=1;                      /* 前驱为线索 */
```

```
        if(t->rchild==NULL)
            t->rflag=1;                   /* 后继为线索 */
        if(current!=NULL)                 /* 前驱不空 */
        {
            if(current->rflag==1)
                current->rchild=t;        /* 前驱右孩子指针指向后继,即当前结点 t */
            if(t->lflag==1)
                t->lchild=current;        /* 左孩子指针指向前驱 */
        }
        current=t;                        /* 保持 current 指向 t 的前驱 */
        InThreading(t->rchild);           /* 递归右子树线索化 */
    }
}
```

② 线索二叉树中序遍历的非递归算法基本思想：先查找中序遍历序列的开始结点，沿左指针往下查找，直到找到无左孩子的结点即二叉树中最左下的结点，将其输出。继续查找结点的中序后继结点，直到终端结点。结点的中序后继结点分两种情况：若结点 t 的右子树为空，则 t—>rchild 直接指向 t 的中序后继结点；若结点 t 的右子树不为空，则从其右子树开始，沿左指针往下查找，直到找到结点 t 的右子树中最左下的结点，就是它的中序后继结点。

```
void InVisitThrTree(BiThrTree * t)        /* 中序遍历线索二叉树的非递归算法 */
{
    while(t!=NULL)                        /* 初始不为空树 */
    {
        while(t->lflag==0)
            t=t->lchild;
        if(t==NULL)                       /* 空结点退出 */
            exit(ERROR);
        printf("%c ",t->data);            /* 访问前驱结点 */
        while(t->rflag==1&&t->rchild!=NULL)
        {
            t=t->rchild;
            printf("%c ",t->data);        /* 访问后继结点 */
        }
        t=t->rchild;
    }
    printf("\n\t\t");
}
```

(3) 主函数。

```
int main(int argc,char * argv[])
{
    BiThrTree * tree;
    printf("\t\t 请按先序序列输入二叉树(如:ABC@@DE@G@@F@@@#)\n\t\t");
```

```
    tree=CreateBiThrTree();                          /* 按先序产生二叉树 */
    InThreading(tree);                               /* 中序线索化二叉树 */
    printf("\t\t 按中序遍历输出线索二叉树:\n\t\t");
    InVisitThrTree(tree);                            /* 中序遍历(输出)二叉线索树 */
    return 0;
}
```

注意：本课程设计的详细代码存放于光盘 72bithrtree.c 文件中。

5. 运行与测试

```
请按先序序列输入二叉树(如:ABC@@DE@G@@F@@@#)
ABC@@DE@G@@F@@@#
按中序遍历输出线索二叉树:
C  B  E  G  D  F  A
Press any key to continue
```

6. 总结与思考

本程序根据二叉树的前序遍历序列建立一棵线索二叉树，并以中序遍历序列输出。读者请尝试用前序或后序遍历序列输出线索二叉树。

7.3　由遍历确定二叉树

1. 问题描述

已知二叉树的先序遍历序列和中序遍历序列，确定二叉树，并遍历这棵二叉树。

2. 设计要求

(1) 根据给定的一棵二叉树的先序遍历序列和中序遍历序列，确定这棵二叉树。
(2) 已知二叉树，输出二叉树的先序、中序和后序遍历序列。

3. 数据结构

本课程设计使用的数据结构是二叉树，采用二叉链表作为二叉树的存储结构。

4. 分析与实现

假设一棵二叉树的先序遍历序列是 ABDCEFG，中序遍历序列是 BDAFEGC。由先序遍历序列可知树的根结点为 A，查找中序遍历序列，找到根结点 A 在中序遍历序列的位置，A 之前的序列 BD 为 A 的左子树序列，A 之后的序列 FEGC 为 A 的右子树序列。接下来，分别对左子树序列 BD 和右子树序列 FEGC 重复与上面类似的操作，这样用递归的方法可确定此二叉树，如图 7-1 所示。

图 7-1　二叉树

确定这棵树后，输出它的后序遍历序列为 DBFGECA。

(1) 引入头文件和查找函数。

查找函数的基本思想：查找结点在中序遍历序列中的位置。参数 c 为先序遍历序列中的结点，参数 order 为存储中序遍历序列的数组指针。若查找成功，则返回其在数组中的下标值 i，否则返回 ERROR。

```
#include "consts.h"
typedef char DataType;
#define MAXNUM 50
#include "bitree.h"                          /* 建立二叉树存储结构 */
#include "bitree.c"                          /* 先序、中序、后序遍历二叉树 */
int Search(DataType c,DataType * order)      /* 找出根结点的位置 */
{
    int i,n=strlen(order);
    for(i=0;i<n;i++)
    if(c== * (order+i))
        return i;                            /* 查找成功，返回其在数组中的下标 */
    return ERROR;                            /* 查找不到，返回错误 */
}
```

(2) 恢复函数。

恢复函数的基本思想：字符指针 pre 和 inor 分别指向存储二叉树的先序遍历序列和中序遍历序列字符数组，n 为 inor 指向的数组中字符的个数。首先申请结点，用 Search 函数查找结点在中序遍历序列中的位置 i，然后由 0 到 i－1 的数组元素递归建立二叉树的左子树，由 i＋1 到最后一个数组元素递归建立二叉树的右子树，二叉树创建完成。

```
BiTree * Restore(DataType * pre,DataType * inor,int n)
                                             /* 由先序和中序遍历序列构造二叉树 */
{
    int i,k;
    BiTree * p;
    DataType * r;
    if(n<=0)
        return NULL;
    p=(BiTree * )malloc(sizeof(BiTree));     /* 初始化，申请结点 */
    p->data= * pre;
    p->lchild=NULL;
    p->rchild=NULL;
    i=Search( * pre,inor);  /* 找到先序遍历序列的第一个元素 pre 在中序序列中的位置 */
    r=inor+i;
    k=r-inor;
    p->lchild=Restore(pre+1,inor,k);                 /* 递归创建 BiTree 的左子树 */
    p->rchild=Restore(pre+1+k,r+1,n-1-k);            /* 递归创建 BiTree 的右子树 */
    return p;
}
```

(3) 主函数。

```
int main(int argc,char * argv[])
{
    BiTree * tree;
    DataType s1[MAXNUM],s2[MAXNUM];
    printf("\t\t 请输入先序序列,如: ABDCEFG\n\t\t");
    scanf("%s",s1);
    printf("\t\t 请输入中序序列,如: BDAFEGC\n\t\t");
    scanf("%s",s2);                          /* 输入先序序列和中序序列二叉树 */
    tree=Restore(s1,s2,strlen(s1));
    printf("\n\t\t 输出先序序列:      ");
    BiTreePreTra(tree);
    printf("\n\t\t 输出中序序列:      ");
    BiTreeInTra(tree);
    printf("\n\t\t 输出后序序列:      ");
    BiTreePostTra(tree);                     /* 输出先序、中序、后序三种遍历结果 */
    printf("\n\t\t");
    return 0;
}
```

注意:本课程设计的详细代码存放于光盘 73restoretree.c 文件中。

5. 运行与测试

```
请输入先序序列, 如: ABDCEFG
ABDCEFG
请输入中序序列, 如: BDAFEGC
BDAFEGC

输出先序序列:      ABDCEFG
输出中序序列:      BDAFEGC
输出后序序列:      DBFGECA
Press any key to continue
```

6. 总结与思考

本程序巧妙地利用查找函数确定元素位置,并用递归方法实现二叉树的恢复。如果已知中序遍历序列和后序遍历序列,或前序遍历序列和后序遍历序列,能否唯一地确定一棵二叉树呢?如果能,请读者编写程序来实现;如果不能,请说明理由。

7.4 电文的编码和译码

1. 问题描述

从键盘接收一串电文字符,输出对应的 Huffman 编码。同时,能翻译由 Huffman 编码生成的代码串,输出对应的电文字符串。

2. 设计要求

(1) 构造一棵 Huffman 树。

(2) 实现 Huffman 编码,并用 Huffman 编码生成的代码串进行译码。

(3) 程序中字符和权值是可变的,实现程序的灵活性。

3. 数据结构

本课程设计使用结构体数组作为数据结构来存储哈夫曼树及其编码。

4. 分析与实现

在电报通信中,电文是以二进制代码传送的。在发送时,需要将电文中的字符转换成二进制代码串,即编码;在接收时,要将收到的二进制代码串转化为对应的字符序列,即译码。我们知道,字符集中的字符被使用的频率是非均匀的。在传送电文时,要想使电文总长尽可能短,就需要让使用频率高的字符编码长度尽可能短。因此,若对某字符集进行不等长编码的设计,则要求任意一个字符的编码都不是其他字符编码的前缀,这种编码称做前缀编码。

由 Huffman 树求得的编码是最优前缀码,也叫 Huffman 编码。给出字符集和各个字符的概率分布,构造 Huffman 树,将 Huffman 树中每个分支结点的左分支标 0,右分支标 1,将根到每个叶子路径上的标号连起来,就是该叶子所代表字符的编码。

(1) 引入头文件和定义 Huffman 树结构。

```
#include "consts.h"
typedef char DataType;
#define MAXNUM 50
```

Huffman 树结点的存储结构定义为:

```
typedef struct                          /* 哈夫曼树结点的结构 */
{
    DataType data;                      /* 数据用字符表示 */
    int weight;                         /* 权值 */
    int parent;                         /* 双亲 */
    int left;                           /* 左孩子 */
    int right;                          /* 右孩子 */
}HuffNode;
typedef struct                          /* 哈夫曼编码的存储结构 */
{
    DataType cd[MAXNUM];                /* 存放编码位串 */
    int start;                          /* 编码的起始位置 */
}HuffCode;
```

(2) 构造哈夫曼树。

根据 Huffman 算法:若已知有 n 个叶结点,则构造的哈夫曼树有 2n−1 个结点。

① 先输入字符集中的 n 个字符(叶结点)和表示其概率分布的权值,存储在 ht(HuffNode 型)数组的前 n 个数组元素中。然后将 2n－1 个结点的双亲和左右孩子均置为 0。

② 在所有的结点中,选取双亲为 0,且具有最小权值 m1 和次小权值 m2 的两个结点,用 p1 和 p2 指示这两个结点在数组中的位置。将根为 ht[p1]和 ht[p2]的两棵树合并,使其成为新结点 ht[i]的左右孩子,ht[i]的权值为最小权值 m1 和次小权值 m2 之和;ht[p1]和 ht[p2]的双亲指向 i。重复上述过程,共进行 n－1 次合并就构造了一棵 Huffman 树。当进行 n－1 次合并时,产生 n－1 个结点,依次放入 ht 数组中,数组的下标从 n 到 2n－2。

```
int HuffmanCreate(HuffNode * ht)
{
    int i,k,n,m1,m2,p1,p2;
    printf("请输入元素个数: ");
    scanf("%d",&n);
    for(i=1;i<=n;i++)                        /* 输入结点值和信息 */
    {
        getchar();                           /* 接收回车 */
        printf("第%d个元素的=>\n\t结点值: ",i);
        scanf("%c",&ht[i].data);
        printf("\t权 重: ");
        scanf("%d",&ht[i].weight);
    }
    for(i=1;i<=2*n-1;i++)                    /* 对数组初始化 */
        ht[i].parent=ht[i].left=ht[i].right=0;
    for(i=n+1;i<=2*n-1;i++)
    {
        m1=m2=32767;                         /* 初始化,令 m1、m2 为整数最大值 */
        p1=p2=1;
        for(k=1;k<=i-1;k++)                  /* 从数组 ht[1]~ht[i-1]中找出 */
        if(ht[k].parent==0)                  /* parent 为 0 并且权值最小的两个结点 */
        if(ht[k].weight<m1)
        {
            m2=m1;                           /* m1 为最小权值 */
            p2=p1;                           /* p1 为最小权值的位置 */
            m1=ht[k].weight;                 /* m1 存放最小权值 */
            p1=k;
        }
        else if(ht[k].weight<m2)
        {
            m2=ht[k].weight;                 /* m2 为次小权值 */
            p2=k;                            /* p2 为次小权值的位置 */
        }
```

```
        ht[p1].parent=i;                /* i 分别赋给下标为 p1、p2 的数组中 */
        ht[p2].parent=i;
        ht[i].weight=m1+m2;             /* 新结点的权值为最小权值和次小权值的和 */
        ht[i].left=p1;                  /* p1 为新结点的左孩子 */
        ht[i].right=p2;                 /* p2 为新结点的右孩子 */
    }
    printf("哈夫曼树已成功建立!\n");
    return n;                           /* 返回结点个数 */
}
```

(3) 编码。

基本思想：从 Huffman 树的叶结点 ht[i](1≤i≤n)出发，通过双亲 parent 找到其双亲 ht[f]，通过 ht[f]的 left 和 right 域，可知 ht[i]是 ht[f]的左分支还是右分支，若是左分支，生成代码 0；若是右分支，生成代码 1，代码存放在数组 cd[start]中，然后把ht[f]作为出发点，重复上述过程，直到找到树根为止。显然，这样生成的代码序列与要求的编码次序相反，为了得到正确的代码，把最先生成的代码存放在数组的第 n(虽然各个字符的编码长度不同，但都不会超过 n)个位置处，再次生成的代码放在数组的第 n−1 个位置处，依此类推。用变量 start 指示编码在数组 cd 中的起始位置，start 初始值为 n，生成一个代码后，start 的值就减 1。

```
void Encoding(HuffNode ht[],HuffCode hcd[],int n)       /* 哈夫曼编码 */
{
    HuffCode d;
    int i,k,f,c;
    for(i=1;i<=n;i++)                                   /* 对所有结点循环 */
    {
        d.start=n+1;                                    /* 起始位置 */
        c=i;                                            /* 从叶结点开始向上 */
        f=ht[i].parent;
        while(f!=0)                                     /* 直到树根为止 */
        {
            if(ht[f].left==c)
                d.cd[--d.start]='0';                    /* 规定左树为代码 0 */
            else
                d.cd[--d.start]='1';                    /* 规定右树为代码 1 */
            c=f;                                        /* c 指孩子的位置 */
            f=ht[f].parent;                             /* f 指双亲的位置 */
        }
        hcd[i]=d;
    }
    printf("输出哈夫曼编码: \n");
    for(i=1;i<=n;i++)                                   /* 输出哈夫曼编码 */
    {
```

```
        printf("%c:",ht[i].data);                    /* 先输出结点 */
        for(k=hcd[i].start;k<=n;k++)                 /* 再输出其对应的编码 */
            printf("%c",hcd[i].cd[k]);
        printf("\n");
    }
}
```

（4）译码。

基本思想：首先输入二进制代码串，存放在数组 ch 中，以“#”为结束标志。接下来，将代码与编码表比较，如果为 0，转向左子树；若为 1，转向右子树，直到叶结点结束，此时输出叶结点的数据域，即所对应的字符。继续译码，直到代码结束。

```
void Decoding(HuffNode ht[],HuffCode hcd[],int n)   /* 哈夫曼译码 */
{
    int f,m,k;
    DataType c,ch[200];                             /* c 接收输入电文,ch 存储 */
    printf("请输入电文(0 or 1),以#为结束标志：\n");
    c=getchar();
    k=1;
    while(c!='#')                        /* 单个字符循环输入,以“#”结束 */
    {
        ch[k]=c;                         /* 将单个字符依次存入 ch 字符串中 */
        c=getchar();
        k=k+1;                           /* ch 数组下标后移 */
    }
    m=k;                                 /* 标记数组存储末尾位置 */
    f=2*n-1;
    k=1;                                 /* k 记录电文字符的个数 */
    printf("输出哈夫曼译码：\n");
    while(k<m)                           /* k 循环到数组末尾结束 */
    {
        while(ht[f].left!=0)             /* 直到左孩子结点为 0 结束 */
        {
            if(ch[k]=='0')               /* 若接收的字符为 0,则存为左孩子 */
            f=ht[f].left;
            if(ch[k]=='1')               /* 若接收的字符为 1,则存为右孩子 */
            f=ht[f].right;
            k++;                         /* ch 数组下标后移 */
        }
        printf("%c",ht[f].data);
        f=2*n-1;                         /* 每次都从根结点开始查找 */
    }
    printf("\n");
}
```

(5) 主函数。

```
int main(int argc,char * argv[])
{
    int n,select,flag=FALSE;                    /* flag为0时标记第一次选择功能 */
    HuffNode ht[2 * MAXNUM];                    /* 定义存放哈夫曼树的数组 */
    HuffCode hcd[MAXNUM];                       /* 定义存放编码的数组 */
    while(TRUE)
    {
        printf("\t请选择您所要实现的功能:(请输入1~4数字)\n");
        printf("\t1---建立哈夫曼树\n");
        printf("\t2---编码\n");
        printf("\t3---译码\n");
        printf("\t4---退出系统\n");
        scanf("%d",&select);
        if(select!=1&&select!=4&&flag==0)
        {                                       /* 提示先建立哈夫曼树或退出 */
            printf("请先建立哈夫曼树再选择其他功能!\n");
            continue;
        }
        flag=TRUE;
        switch(select)                          /* 选择功能 */
        {
            case 1:
                n=HuffmanCreate(ht);
                break;
            case 2:
                Encoding(ht,hcd,n);
                break;
            case 3:
                Decoding(ht,hcd,n);
                break;
            case 4:
                exit(0);
        }
    }
    return 0;
}
```

注意:本课程设计的详细代码存放于光盘74huffman.c文件中。

5. 运行与测试

```
              请选择您所要实现的功能：（请输入1~4数字）
          1---建立赫夫曼树
          2---编码
          3---译码
          4---退出系统
1
请输入元素个数：4
第1个元素的=>
          结点值：A
          权  重：7
第2个元素的=>
          结点值：B
          权  重：6
第3个元素的=>
          结点值：C
          权  重：2
第4个元素的=>
          结点值：D
          权  重：4
赫夫曼树已成功建立！
```

```
2
输出哈夫曼编码：
A:0
B:10
C:110
D:111
```

```
3
请输入电文(0 or 1)，以#为结束标志：
010110011101011111100#
输出哈夫曼译码：
ABCADABDCA
```

6. 总结与思考

本程序灵活地利用顺序表来存储哈夫曼树，能通过调用不同的函数有选择地实现编码和译码两个功能，程序中的结点数和权值是由键盘输入确定的，编码可以根据需要更改字符集及其权值，加大了程序的灵活性和多变性。

在编写程序时，可以给出多组循环测试数据来更好地实现功能。希望读者在此基础上能够更好地扩展程序，用多种方法巧妙地解决问题。

7.5 家族关系查询系统

1. 问题描述

建立家族关系数据库，实现对家族成员关系的相关查询。

2. 设计要求

(1) 建立家族关系并能存储到文件中。

(2) 实现家族成员的添加。

(3) 可以查询家族成员的双亲、祖先、兄弟、孩子和后代等信息。

3. 数据结构

本课程设计使用的数据结构有树状结构和队列。树状结构采用三叉链表实现，队列采用链式队列实现。

4. 分析与实现

(1) 结点基本数据结构的定义和链队的基本操作。

① 结点基本数据结构和链队的定义。

```
#include "consts.h"
typedef char DataType;
#define MAXNUM 20
typedef struct TriTNode                          /* 树的三叉链表存储结构 */
{
    DataType data[MAXNUM];
    struct TriTNode * parent;                    /* 双亲 */
    struct TriTNode * lchild;                    /* 左孩子 */
    struct TriTNode * rchild;                    /* 右孩子 */
}TriTree;
typedef struct Node                              /* 队列的结点结构 */
{
    TriTree * info;
    struct Node * next;
}Node;
typedef struct                                   /* 链接队列类型定义 */
{
    struct Node * front;                         /* 头指针 */
    struct Node * rear;                          /* 尾指针 */
}LinkQueue;
DataType fname[MAXNUM],family[50][MAXNUM];       /* 全局变量 */
```

② 链队基本操作。

```
LinkQueue * LQueueCreateEmpty()                  /* 建立一个空队列 */
{
    LinkQueue * plqu=(LinkQueue * )malloc(sizeof(LinkQueue));
    if (plqu!=NULL)
        plqu->front=plqu->rear=NULL;
    else
    {
        printf("内存不足!\n");
        return NULL;
    }
    return plqu;
```

```
}
int LQueueIsEmpty(LinkQueue * plqu)                 /* 判断链接表示队列是否为空队列 */
{
    return(plqu->front==NULL);
}
void LQueueEnQueue(LinkQueue * plqu,TriTree * x)     /* 进队列 */
{
    Node * p=(Node * )malloc(sizeof(Node));
    if(p==NULL)
        printf("内存分配失败!\n");
    else
        {
        p->info=x;
        p->next=NULL;
        if(plqu->front==NULL)                        /* 原来为空队 */
            plqu->front=p;
        else
            plqu->rear->next=p;
        plqu->rear=p;
    }
}
int LQueueDeQueue(LinkQueue * plqu,TriTree * x)      /* 出队列 */
{
    Node * p;
    if(plqu->front==NULL)
        {
            printf("队列空!\n");
            return ERROR;
        }
    else
    {
        p=plqu->front;
        x=p->info;
        plqu->front=plqu->front->next;
        free(p);
        return OK;
    }
}
TriTree * LQueueGetFront(LinkQueue * plqu)           /* 在非空队列中求队头元素 */
{
    return(plqu->front->info);
}
```

(2) 建立家族关系并存入文件。

首先输入家族关系的名称，以此名称为文件名，建立文本文件。接下来按层次输入结点信息(姓名)，输入一个，在文件中写入一行，同时将输入的信息保存到二维字符数组family中。字符数组family是全局变量，存储临时信息。注意，输入时每个结点信息占一行，一个结点有多个兄弟，以"@"作为兄弟结束标志，结点若无孩子，直接以"@"代替，依次输入各个结点信息，以"#"作为结束标志。最后使用函数CreateTriTree建立家族关系树。图7-2所示的家族关系，输入的结点信息的序列为zhangxianzu，@，zhangguoyu，zhangguojun，zhangguoqiang，@，zhangyongzhi，@，zhangyongrui，zhangyongming，@，@，zhangwende，zhangwenjia，@，#。

图 7-2　家族关系

```
TriTree * Create(DataType familyname[MAXNUM])        /* 建立家族关系并存入文件 */
{
    int i=0;                                          /* i 控制 family 数组下标 */
    DataType ch,str[MAXNUM];              /* ch 存储输入的 y 或 n,str 存储输入的字符串 */
    TriTree * t;
    FILE * fp;
    strcpy(fname,familyname);             /* 以家族名为文本文件名存储 */
    strcat(fname,".txt");
    fp=fopen(fname,"r");                  /* 以读取方式打开文件 */
    if(fp)                                /* 文件已存在 */
    {
        fclose(fp);
        printf("%s 的家族关系已存在!重新建立请按"Y",直接打开请按"N"\n",familyname);
        ch=getchar();
        getchar();                         /* 接收回车 */
        if(ch=='N'||ch=='n')
        {
            t=Open(familyname);           /* 直接打开 */
            return t;
        }
    }
    if(!fp||ch=='Y'||ch=='y')             /* 重新建立,执行以下操作 */
    {
        fp=fopen(fname,"w");              /* 以写入方式打开文件,不存在则新建 */
        printf("请按层次输入结点,每个结点信息占一行\n");
        printf("兄弟输入结束以"@ "为标志,结束标志为"#"\n");
        gets(str);
        fputs(str,fp);
        fputc('\n',fp);
        strcpy(family[i],str);            /* 将成员信息存储到字符数组中 */
```

```
        i++;                              /* family 数组下标后移 */
        while(str[0]!='#')
        {
            printf(". ");                 /* 以点提示符提示继续输入 */
            gets(str);
            fputs(str,fp);                /* 写到文件中,每个信息占一行 */
            fputc('\n',fp);
            strcpy(family[i],str);        /* 将成员信息存储到字符数组中 */
            i++;                          /* family 数组下标后移 */
        }
        fclose(fp);                       /* 关闭文件 */
        t=TriTreeCreate();                /* 根据 family 数组信息创建三叉树 */
        printf("家族关系已成功建立!\n");
        return t;                         /* 返回树 */
    }
}
```

(3) 建立家族关系树。

采用指针数组作为队列,保存输入的结点地址。队列的尾指针指向当前结点,头指针指向当前结点的双亲结点。输入的结点信息已经存储在字符数组 family 中。

将信息复制到字符串数组 ch 中,如果 ch 不是"@",则建立一个新结点。若新结点是第一个结点,则它是根结点,将其入队,指针 tree 指向这个根结点;如果不是根结点,则将当前结点链接到双亲结点上,即当前结点的双亲指针就是队头元素,然后将当前结点入队列。接着判断 flag 的值,如果 flag=0,表明当前结点没有左孩子,那么当前结点就是双亲的左孩子。否则,当前结点就是双亲的右孩子。用指针 root 指向刚刚入队的结点。继续复制数组 family 的下个元素。如果 ch 是"@",则 flag=0(因为"@"后面的第一个孩子为左孩子),同时判断"@"是否是第一次出现,如果是第一次,则令标志 start=1;如果不是第一次出现,则出队列,root 指向队头元素(实际上 root 总是指向双亲结点)。继续复制数组 family 的下一个元素,直到遇到"#"结束。函数返回根指针 tree。

```
TriTree * TriTreeCreate()
{
    TriTree * t, * x=NULL, * tree, * root=NULL;
    LinkQueue * q=LQueueCreateEmpty();    /* 建立一个空的队列,存储指向树的指针 */
    int i=0,flag=0,start=0;
    DataType str[MAXNUM];                 /* 存放 family 数组中信息 */
    strcpy(str,family[i]);                /* 复制 */
    i++;                                  /* family 数组下标后移 */
    while(str[0]!='#')                    /* 没遇到结束标志继续循环 */
    {
        while(str[0]!='@')                /* 没遇到兄弟输入结束标志继续 */
        {
            if(root==NULL)                /* 空树 */
```

```
        {
            root=(TriTree * )malloc(sizeof(TriTree));     /* 申请空间 */
            strcpy(root->data,str);
            root->parent=NULL;
            root->lchild=NULL;
            root->rchild=NULL;
            LQueueEnQueue(q,root);                      /* 将 root 存入队列 */
            tree=root;
        }
        else                                            /* 不为空树 */
        {
            t=(TriTree * )malloc(sizeof(TriTree));  /* 申请空间 */
            strcpy(t->data,str);
            t->lchild=NULL;
            t->rchild=NULL;
            t->parent=LQueueGetFront(q);    /* 当前结点的双亲为队头元素 */
            LQueueEnQueue(q,t);             /* 入队 */
            if(!flag)                       /* flag 为 0,当前结点没有左孩子 */
                root->lchild=t;
            else                            /* flag 为 1,当前结点已有左孩子 */
                root->rchild=t;
            root=t;                         /* root 指向新的结点 t */
        }
        flag=1;                             /* 标记当前结点已有左孩子 */
        strcpy(str,family[i]);
        i++;
    }
    if(start!=0)                            /* 标记不是第一次出现"@ " */
    {
        LQueueDeQueue(q,x);                 /* 出队 */
        if(q->front!=NULL)
            root=LQueueGetFront(q);         /* root 为队头元素 */
    }
    start=1;                                /* 标记已出现过"@" */
    flag=0;                                 /* "@"后面的结点一定为左孩子 */
    strcpy(str,family[i]);
    i++;
  }
  return tree;                              /* 返回树 */
}
```

(4) 打开一个家族关系。

首先输入家族关系名,以家族关系名为文件名打开文件,如果家族关系不存在,返回空;如果存在,文件打开,读取文件。将文件中的每行信息依次存储在数组 family[ ]中。

```
TriTree * Open(DataType familyname[MAXNUM])
{
    int i=0,j=0;
    DataType ch;
    FILE * fp;
    TriTree * t;
    strcpy(fname,familyname);                   /* 以家族名为文本文件名存储 */
    strcat(fname,".txt");
    fp=fopen(fname,"r");                        /* 以读取方式打开文件 */
    if(fp==NULL)                                /* 文件不存在 */
    {
        printf("%s 的家族关系不存在!\n",familyname);
        return NULL;
    }
    else
    {
        ch=fgetc(fp);                           /* 按字符读取文件 */
        while(ch!=EOF)                          /* 读到文件尾结束 */
        {
            if(ch!='\n')                        /* ch 不为一个结点信息的结尾 */
            {
                family[i][j]=ch;                /* 将文件信息存储到 family 数组中 */
                j++;
            }
            else
            {
                family[i][j]='\0';              /* 字符串结束标志 */
                i++;                            /* family 数组行下标后移 */
                j=0;                            /* family 数组列下标归零 */
            }
            ch=fgetc(fp);                       /* 继续读取文件信息 */
        }
        fclose(fp);                             /* 关闭文件 */
        t=TriTreeCreate(family);                /* 调用函数建立三叉链表 */
        printf("家族关系已成功打开!\n");
        return t;
    }
}
```

(5) 在家族关系树中查找一个成员是否存在。

用递归算法实现。如果树空,返回 NULL。如果根结点就是要查找的成员,返回根结点;否则,递归查找它的左右子树。

```
TriTree * Search(TriTree * t,DataType str[])
{
```

```
    TriTree * temp;
    if(t==NULL)                          /* 如果树空,则返回 NULL */
        return NULL;
    else if(strcmp(t->data,str)==0)      /* 如果找到,则返回该成员指针 */
        return t;
    else                                 /* 如果没找到,遍历左右子树进行查找 */
    {
        temp=Search(t->lchild,str);      /* 递归查找 */
        If(temp)                         /* 结点不空则查找 */
            return(Search(t->lchild,str));
        else
            return(Search(t->rchild,str));
    }
}
```

(6) 向家族中添加一个新成员。

基本思想：添加的新成员要根据其双亲确定其在家族中的位置。首先判断该双亲是否在此家族关系中,若存在,则查找其双亲,将新结点插入其双亲的最后一个孩子之后;若没有孩子,则直接作为左孩子插入。以写入的方式打开文件,如果成功打开,则更新family 数组中信息,并查找新成员的双亲所在位置和与其对应的"@"个数,如果"@"个数小于双亲位置,则添加"@"使之相等,新成员插入到最后"@"之前。最后将 family 数组中信息写入文件保存,关闭文件。

```
void Append(TriTree * t)
{
    int i=0,j,parpos=1,curpos,num,end=0,count=-1;
    DataType chi[MAXNUM],par[MAXNUM];          /* 存储输入的孩子和其双亲结点 */
    TriTree * tpar, * temp;
    FILE * fp;
    printf("请输入要添加的成员和其父亲,以回车分隔!\n. ");
    gets(chi);
    printf(". ");                              /* 以点提示符提示继续输入 */
    gets(par);
    tpar=Search(t,par);                        /* 查找双亲结点是否存在 */
    if(!tpar)
        printf("%s 该成员不存在!\n");
    else                                       /* 存在则添加其孩子 */
        {
        temp=(TriTree *)malloc(sizeof(TriTree)); /* 申请空间 */
        temp->parent=tpar;
        strcpy(temp->data,chi);
        temp->lchild=NULL;                     /* 新结点左右孩子置空 */
        temp->rchild=NULL;
        if(tpar->lchild)                       /* 成员存在左孩子 */
```

```
{
    tpar=tpar->lchild;                      /* 遍历当前成员左孩子的右子树 */
    while(tpar->rchild)                     /* 当前结点右孩子存在 */
        tpar=tpar->rchild;                  /* 继续遍历右孩子 */
    tpar->rchild=temp;                      /* 将新结点添加到所有孩子之后 */
}
else                                        /* 没有孩子则直接添加 */
    tpar->lchild=temp;
fp=fopen(fname,"w");                        /* 以写入方式打开文件 */
if(fp)
{
    while(strcmp(par,family[i])!=0&&family[i][0]!='#')
    {
        if(family[i][0]!='@')               /* 查找双亲在数组中的位置 */
            parpos++;                       /* parpos 计数 */
        i++;                                /* family 数组行下标后移 */
    }
    i=0;                                    /* family 数组行下标归 0 */
    while(family[i][0]!='#')
    {
        if(family[i][0]=='@')               /* 查找"@"的个数,第一个不计 */
            count++;                        /* count 累加个数 */
        if(count==parpos)     /* 说明此"@"与其前一个"@"之前为 par 的孩子 */
            curpos=i;                       /* curpos 计当前位置 */
        i++;                                /* family 数组行下标后移 */
    }
    if(count<parpos)                        /* "@"数小于 parpos 数 */
    {
        num=parpos-count;                   /* 添加"@"个数为 num */
        for(j=i;j<=i+num;j++)               /* 从数组末尾添加"@" */
            strcpy(family[j],"@\0");
        strcpy(family[i+num+1],"#\0");      /* "#"移到数组末尾 */
        strcpy(family[i+num-1],chi);        /* 在最后一个"@"前添加新成员 */
        end=1;                              /* end 为 1 时标记已添加 */
    }
    else
    {
        for(j=i;j>=curpos;j--)   /* 当前位置到数组最后的全部信息后移一行 */
            strcpy(family[j+1],family[j]);
        strcpy(family[curpos],chi);         /* 将新结点存储到"@"的前一行 */
    }
    if(end==1)                    /* 若 end 为 1,则数组末尾下标后移 num 位 */
        i=i+num;
    for(j=0;j<=i+1;j++)                     /* 将数组中的所有信息写入文件 */
```

```
            {
                fputs(family[j],fp);
                fputc('\n',fp);                  /* 一个信息存一行 */
            }
            fclose(fp);                          /* 关闭文件 */
            printf("添加新成员成功!\n");
        }
        else
            printf("添加新成员失败!\n");
    }
}
```

(7) 查找一个家族的鼻祖。

判断输入的姓名是否在该家族中存在,如果存在,则返回该家族的根结点信息。

```
void Ancesstor(TriTree * t)                      /* 返回树的根结点信息 */
{
    printf("该家族的祖先为 %s\n",t->data);
}
```

(8) 查找一个成员的所有祖先路径。

查找一个成员的所有祖先路径,需要从它的双亲一直向上查找到根结点。

基本思想:对于结点 t,先判断它是否是根结点(根结点的双亲为 NULL),如果是根结点,直接输出它本身;如果不是,查找它的双亲指针指向的结点,将双亲信息输出。继续查找,直到找到根结点。

```
void AncesstorPath(TriTree * t)
{
    if(t->parent==NULL)                          /* 若该成员为祖先,则直接输出 */
        printf("%s 无祖先!\n",t->data);
    else                                         /* 否则继续查找祖先 */
    {
        printf("%s 所有祖先路径: %s",t->data,t->data);
        while(t->parent!=NULL)           /* 若当前成员的双亲不是祖先,则继续查找 */
        {
            printf(" -->%s",t->parent->data); /* 访问当前成员的双亲 */
            t=t->parent;                         /* 继续循环查找 */
        }
        printf("\n");
    }
}
```

(9) 查找一个成员的双亲。

基本思想:先判断结点 t 是否是根结点,若不是根结点,直接输出该结点双亲指针指向的结点信息;若是根结点,输出提示信息,结点无双亲。

```
void Parent(TriTree * t)
{
    if(t->parent!=NULL)                         /* 若该成员为祖先,则无双亲 */
        printf("%s 的双亲为 %s\n",t->data,t->parent->data);
    else
        printf("%s 无双亲!\n",t->data);
}
```

(10) 确定一个成员是第几代。

确定一个成员是第几代,只要知道从它本身到根结点包括的祖先个数就可以。因而对于结点 t,从本身开始一直向上查找到根结点,查找的过程中用变量 count(初值为 1)计数,最后输出 count。

```
void Generation(TriTree * t)
{
    int count=1;                                /* 计数 */
    DataType str[MAXNUM];
    strcpy(str,t->data);                        /* 存储当前信息 */
    while(t->parent!=NULL)                      /* 查找其双亲 */
    {
        count++;                                /* 累加计数 */
        t=t->parent;
    }
    printf("%s 是第 %d 代!\n",str,count);
}
```

(11) 查找一个成员的兄弟。

一个成员的兄弟为其双亲除了该成员以外的所有孩子。

基本思想:对于结点 t,先判断它是否是根结点,若是根结点,则无兄弟;若不是根结点,则找到结点 t 的双亲。接着判断双亲的左孩子和左孩子的兄弟是否都存在(若只有左孩子,左孩子就是要查找的这个成员),如果都不存在,则无兄弟;如果都存在,对双亲的左孩子操作。若左孩子不是要查找的这个成员,则将结点信息输出。接下来查找左孩子的右兄弟,判断当前结点是否是要查找的这个成员,若不是,则将结点信息输出,继续查找当前结点的右兄弟,直到 NULL 为止。

```
void Brothers(TriTree * t,DataType str[])       /* 查找兄弟 */
{
    if(t->parent!=NULL)                         /* 若该结点是祖先,则无兄弟 */
    {
        t=t->parent;             /* 该结点的兄弟即为其双亲除该成员以外的所有孩子 */
        if(t->lchild&&t->lchild->rchild)
                                        /* 当前结点的左孩子及其右孩子都存在 */
        {
            printf("%s 的所有兄弟有: ",str);
```

```
            t=t->lchild;
            while(t)                            /* 遍历当前成员左孩子的右子树 */
            {
                if(strcmp(t->data,str)!=0)      /* 遍历右子树,选择输出 */
                printf("%s ",t->data);          /* 访问当前结点 */
                t=t->rchild;
            }
            printf("\n");
        }
        else
        printf("%s 无兄弟!\n",str);
    }
    else
        printf("%s 无兄弟!\n",str);
}
```

(12) 查找一个成员的堂兄弟。

一个成员的堂兄弟为其双亲的双亲结点的所有孩子的孩子(该成员除外)。

基本思想:如果结点 t 的双亲和双亲的双亲(爷爷)都存在,首先考虑爷爷的左孩子。如果爷爷的左孩子不是结点 t 的双亲,那么爷爷还有其他的孩子。先对爷爷的左孩子的左孩子访问,如果不是结点 t,就输出。同样,对爷爷左孩子的左孩子的右孩子、右孩子的右孩子一直访问下去,直到无右孩子为止。如果爷爷还有其他孩子,那么就对爷爷的左孩子的右孩子、爷爷的左孩子的右孩子的右孩子……即对爷爷的其他孩子做相同的处理。

```
void Consin(TriTree * t)
{
    int flag=0;
    TriTree * ch=t;
    TriTree * temp;
    if(t->parent&&t->parent->parent)        /* 当前结点的双亲及其双亲都存在 */
    {
        t=t->parent->parent->lchild;        /* 当前结点等于其祖先的第一个孩子 */
        while(t)                            /* 存在则继续查找 */
        {
            if(strcmp(t->data,ch->parent->data)!=0)     /* 不是同一结点 */
            {
                if(t->lchild)               /* 当前结点存在左孩子 */
                {
                    temp=t->lchild;
                    while(temp)             /* 遍历当前结点左孩子的右子树 */
                    {
                        if(strcmp(temp->data,ch->data)!=0)
                        {
                            if(!flag)       /* 第一次输入时先输出下句 */
```

```
                    printf("%s 的所有堂兄弟有：",ch->data);
                printf("%s ",temp->data);   /* 访问当前成员 */
                flag=1;
            }
            temp=temp->rchild;              /* 继续遍历右孩子 */
        }
      }
    }
    t=t->rchild;                            /* 继续遍历右孩子 */
  }
  printf("\n");
}
if(!flag)                                   /* 标志没有输出结点 */
  printf("%s 无堂兄弟!\n",ch->data);
}
```

(13) 查找一个成员的所有孩子。

一个成员的所有孩子包括左孩子和左孩子的右孩子、左孩子的右孩子的右孩子……直到右孩子为空为止。

基本思想：首先判断结点 t 是否有左孩子，如果没有，输出没有孩子；如果有左孩子，输出左孩子的信息，然后判断左孩子的右孩子是否为空，若不为空(存在右孩子)，输出左孩子的右孩子的信息，接着循环判断结点是否有右孩子，有就输出，直到右孩子为空。

```
void Children(TriTree * t)                  /* 遍历左孩子 */
{
    if(t->lchild)                           /* 当前结点存在左孩子 */
    {
        printf("%s 的所有孩子有：",t->data);
        t=t->lchild;                        /* 遍历当前成员左孩子的右子树 */
        while(t)                            /* 不空 */
        {
            printf("%s ",t->data);          /* 访问当前成员 */
            t=t->rchild;
        }
        printf("\n");
    }
    else
        printf("%s 无孩子!\n",t->data);
}
```

(14) 查找一个成员的子孙后代。

一个成员的子孙后代就是其左子树上的所有结点，所以对其左子树进行中序遍历即可。

```
void InOrder(TriTree * t)
```

```
{
    if(t)                                           /* 二叉树存在 */
    {
        InOrder(t->lchild);                         /* 中序遍历左子树 */
        printf("%s ",t->data);                      /* 访问成员 */
        InOrder(t->rchild);                         /* 中序遍历右子树 */
    }
}
void Descendants(TriTree * t)                       /* 查找一个成员的子孙后代 */
{
    if(t->lchild)                                   /* 当前结点存在左孩子 */
    {
        printf("%s 的所有子孙后代有: ",t->data);
        InOrder(t->lchild);                         /* 中序遍历当前结点的左右子树 */
        printf("\n");
    }
    else
        printf("%s 无后代!\n",t->data);
}
```

(15) 主函数。

```
int main(int argc,char * argv[])
{
    DataType str[MAXNUM]="\0",input[40];
    int i,j,flag,start=0,pos,tag1,tag2;
    TriTree * temp, * tree=NULL;
    while(1)
    {
        printf("\t 欢迎使用家族关系查询系统!\n");
        printf("\t 请输入与之匹配的函数和参数,如 parent(C)\n");
        printf("\t 1.新建一个家庭关系:      Create(familyname)     参数为字符串 \n");
        printf("\t 2.打开一个家庭关系:      Open(familyname)       参数为字符串 \n");
        printf("\t 3.添加新成员的信息:      Append()               无参数 \n");
        printf("\t 4.查找一个成员的祖先:    Ancesstor(name)        参数为字符串 \n");
        printf("\t 5.查找一个成员的祖先路径: AncesstorPath(name)   参数为字符串 \n");
        printf("\t 6.确定一个成员是第几代:  Generation(name)       参数为字符串 \n");
        printf("\t 7.查找一个成员的双亲:    Parent(name)           参数为字符串 \n");
        printf("\t 8.查找一个成员的兄弟:    Brothers(name)         参数为字符串 \n");
        printf("\t 9.查找一个成员的堂兄弟:  Consin(name)           参数为字符串 \n");
        printf("\t10.查找一个成员的孩子:    Children(name)         参数为字符串 \n");
        printf("\t11.查找一个成员的子孙后代: Descendants(name)     参数为字符串 \n");
        printf("\t12.退出系统:              Exit()                 无参数\n?");
        gets(input);                                /* input 数组存放输入的函数和参数 */
        j=0,tag1=0,tag2=0;
```

```
for(i=0;i<strlen(input);i++)            /*循环 input 数组*/
{
    if(input[i]=='(')                   /*左括号之前为函数名*/
    {
        pos=i;                          /*pos 标记左括号位置*/
        tag1=1;                         /*标记是否匹配到左括号*/
    }
    if(input[i+1]==')')                 /*若下一个字符为右括号*/
        tag2=1;                         /*标记为 1*/
    if(tag1==1&&tag2!=1)                /*左括号和右括号之前为参数*/
    {
        str[j]=tolower(input[i+1]);
                              /*将参数存放到 str 数组,并转化为小写字母*/
        j++;
    }
    input[i]=tolower(input[i]);         /*将函数名转化为小写字母*/
}
if(!tag1)                     /*若没匹配到左括号,说明只有函数无参数*/
    pos=i;                              /*标记为数组末尾*/
input[pos]='\0';                        /*将标记位置为字符串结束*/
str[j]='\0';
if(strcmp(input,"create\0")==0)         /*函数名匹配*/
    flag=1;                             /*用 flag 标记*/
else if(strcmp(input,"open\0")==0)
    flag=2;
else if(strcmp(input,"append\0")==0)
    flag=3;
else if(strcmp(input,"ancesstor\0")==0)
    flag=4;
else if(strcmp(input,"ancesstorpath\0")==0)
    flag=5;
else if(strcmp(input,"parent\0")==0)
    flag=6;
else if(strcmp(input,"generation\0")==0)
    flag=7;
else if(strcmp(input,"brothers\0")==0)
    flag=8;
else if(strcmp(input,"consin\0")==0)
    flag=9;
else if(strcmp(input,"children\0")==0)
    flag=10;
else if(strcmp(input,"descendants\0")==0)
    flag=11;
else if(strcmp(input,"exit\0")==0)
```

```
    flag=12;
else                                            /* 无匹配则重新输入 */
{
    printf("无匹配的函数,请重新输入!\n");
    continue;
}
if(!(flag==1||flag==2||flag==12)&&start==0)
{   /* 如果第一次输入函数不是建立、打开或退出,则重新输入 */
    printf("请先建立或打开一个家族关系!\n");
    continue;
}
start=1;                                        /* 标记不是第一次输入 input */
if(flag>=4&&flag<=11)                           /* 函数需要字符串型参数 name */
{
    temp=Search(tree,str);                      /* 若存在,则返回结点 */
    if(!temp)                                   /* 若不存在,则返回 */
    {
        printf("该成员不存在!\n");
        continue;
    }
}
switch(flag)                                    /* 根据 flag 标记调用函数 */
{
    case 1:
        tree=Create(str);
        break;
    case 2:
        tree=Open(str);
        break;
    case 3:
        Append(tree);
        break;
    case 4:
        Ancesstor(tree);
        break;
    case 5:
        AncesstorPath(temp);
        break;
    case 6:
        Parent(temp);
        break;
    case 7:
        Generation(temp);
        break;
```

```
            case 8:
                Brothers(temp,str);
                break;
            case 9:
                Consin(temp);
                break;
            case 10:
                Children(temp);
                break;
            case 11:
                Descendants(temp);
                break;
            case 12:
                exit(OK);
        }
    }
    return 0;
}
```

注意：本课程设计的详细代码存放于光盘 75familytree.c 文件中。

5. 运行与测试

```
欢迎使用家族关系查询系统！
请输入与之匹配的函数和参数，如parent(C)
 1.新建一个家庭关系：         Create(familyname)      参数为字符串
 2.打开一个家庭关系：         Open(familyname)        参数为字符串
 3.添加新成员的信息：         Append()                无参数
 4.查找一个成员的祖先：       Ancesstor(name)         参数为字符串
 5.查找一个成员的祖先路径：   AncesstorPath(name)     参数为字符串
 6.确定一个成员是第几代：     Generation(name)        参数为字符串
 7.查找一个成员的双亲：       Parent(name)            参数为字符串
 8.查找一个成员的兄弟：       Brothers(name)          参数为字符串
 9.查找一个成员的堂兄弟：     Consin(name)            参数为字符串
10.查找一个成员的孩子：       Children(name)          参数为字符串
11.查找一个成员的子孙后代：   Descendants(name)       参数为字符串
12.退出系统：                 Exit()                  无参数
```

```
? create(zhang)
请按层次输入结点，每个结点信息占一行
兄弟输入结束以“@”为标志，结束标志为“#”
. zhangxianzu
. @
. zhangguoyu
. zhangguojun
. zhangguoqiang
. @
. zhangyongzhi
. @
. zhangyongrui
. zhangyongming
. @
. @
. zhangwende
. zhangwenjia
. @
. #
家族关系已成功建立！
```

```
? append()
请输入要添加的成员和其父亲，以回车分隔！
. zhangwentian
. zhangyongrui
添加新成员成功！
```

```
? brothers(zhangyongming)
zhangyongming 的所有兄弟有：zhangyongrui
```

```
? consin(zhangyongzhi)
zhangyongzhi 的所有堂兄弟有：zhangyongrui  zhangyongming
```

```
? ancesstorpath(zhangwende)
zhangwende 所有祖先路径：zhangwende --> zhangyongzhi --> zhangguoyu --> zhangxia
nzu
```

```
? descendants(zhangguoyu)
zhangguoyu 的所有子孙后代有：zhangwende  zhangwenjia  zhangyongzhi
```

6. 总结与思考

本程序巧妙地将家族关系信息转化为二叉树信息，利用队列来创建三叉链表，存储家族关系信息，能够将信息存入文件中，以便下次访问，能对当前家族添加新成员，实现动态查询。在家族关系查询中包含了许多查询功能，可通过输入不同的命令和参数有选择地实现各种查询，操作方便，实用性强。在编写程序时，可以加入修改成员信息功能，并能及时更新保存。希望读者在此基础上能够更好地扩展程序，增强其实用性。

只有学习了算法，程序设计才能变为艺术。从艺术角度讲，只有经过不断实践，对问题能以不同算法加以解决，最终才能达到程序设计的最高境界。

CHAPTER 8

第8章 图状结构的应用

8.1 存储结构与基本运算的算法

1. 邻接矩阵

图的邻接矩阵表示法也称数组表示法。它采用两个数组来表示图：一个是用于存储顶点信息的一维数组；另一个是用于存储图中顶点之间关联关系的二维数组，称为邻接矩阵。

(1) 邻接矩阵的C语言描述如下(存放于graphmatrix.h文件中)：

```
typedef struct                                    /* 图的邻接矩阵数据结构 */
{
    int vexNum;                                   /* 图的顶点个数 */
    VexType vexs[MAXVEX];                         /* 顶点信息 */
    AdjType arcs[MAXVEX][MAXVEX];                 /* 边信息 */
}GraphMatrix;
```

(2) 基本运算的算法(存放于graphmatrix.c文件中)：

① 建立无向网的邻接矩阵。

```
void MUDGCreate(GraphMatrix * g)                  /* 建立无向网 */
{
    int i,j,k,t;
    float w;                                      /* 权值 */
    printf("\n请输入无向网的顶点的个数(不超过%d个)\n",MAXVEX);
    scanf("%d",&g->vexNum);
    printf("\n请输入图的各个顶点的数据信息(如v1)!\n");
    getchar();                                    /* 去掉回车 */
    for(i=0;i<g->vexNum;i++)                      /* 输入各顶点信息 */
        gets(g->vexs[i]);
    for(i=0;i<g->vexNum;i++)                      /* 初始化邻接矩阵 */
        for(j=0;j<g->vexNum;j++)
            g->arcs[i][j]=0; /* 0表示两顶点间无路径,且假定某顶点无指向自己的环 */
    printf("\n请输入该网中边的数目(不超过%d条)\n",g->vexNum* (g->vexNum-1)/2);
    scanf("%d",&k);                               /* 读入边的数目 */
```

```
    for(t=0;t<k;t++)
    {
        printf("\n请输入第%d条边的相关信息(起始顶点(序号从 0 开始)
                    终止顶点 权值,如 0 3 10.5)\n",t+1);
        scanf("%d%d%f",&i,&j,&w);
        g->arcs[i][j]=w;                                    /*无向网对称*/
        g->arcs[j][i]=w;
    }
}
```

② 求图的第一个顶点。

```
int MUDGFirstVertex(GraphMatrix * pgraph)          /*求图的第一个顶点*/
{
    return pgraph->vexNum==0?ERROR: 0;
}
```

③ 求图中相对于顶点 i 的下一个顶点。

```
int MUDGNextVertex(GraphMatrix * pgraph,int i)    /*求相对于顶点 i 的下一个顶点*/
{
    return i==pgraph->vexNum-1 ?ERROR: i+1;
}
```

④ 求图中与顶点 i 邻接的第一个顶点。

```
int MUDGFirstAdjacent(GraphMatrix * pgraph, int i)  /*求与 i 邻接的第一个顶点*/
{
    int k;
    for (k=0; k<pgraph->vexNum; k++)
        if(pgraph->arcs[i][k] !=0) return k;
    return ERROR;
}
```

⑤ 求图中顶点 i 相对于顶点 j 的下一个邻接顶点。

```
int MUDGNextAdjacent(GraphMatrix * pgraph, int i, int j)
{
    int k;
    for (k=j+1; k<pgraph->vexNum; k++)
        if (pgraph->arcs[i][k] !=0) return k;
    return ERROR;
}
```

⑥ 若图 g 中存在顶点 u,则返回该顶点在图中位置;否则返回 ERROR。

```
int MUDGLocateVex(GraphMatrix * g, VexType u)
{
```

```
    int i;
    for(i=0;i<g->vexNum;++i)
        if(strcmp(u,g->vexs[i])==0)
            return i;
    return ERROR;
}
```

⑦ 连通图的广度优先遍历。

```
void MUDGbfs(GraphMatrix * g, DataType v,int visited[])
{   /* visited数组,用于图的遍历标志顶点是否被访问过 */
    DataType v1, v2;
    SeqQueue * q=SQueueCreate();          /* 顺序队列元素的类型为 DataType */
    SQueueEnQueue(q, v);                  /* 初始顶点入队 */
    printf("%d ", v);
    visited[v]=TRUE;                      /* 初始顶点被访问过 */
    while (!SQueueIsEmpty(q))
    {
        SQueueDeQueue(q,&v1);             /* 队头元素出队,并将队头元素保存到 v1 中 */
        v2=MUDGFirstAdjacent (g, v1);
        while (v2!=ERROR)                 /* 邻接顶点存在时循环 */
        {
            if (visited[v2]==FALSE)       /* 若邻接顶点未被访问则入队,置标志 */
            {
                SQueueEnQueue(q, v2);
                visited[v2]=TRUE;
                printf("%d ", v2);
            }
            v2=MUDGNextAdjacent(g, v1, v2);        /* 取下一顶点 */
        }
    }
}
```

⑧ 非连通图的广度优先遍历。

```
void MUDGbft(GraphMatrix * g,int visited[])        /* 非连通图的广度优先遍历 */
{
    DataType v;
    for (v=MUDGFirstVertex (g); v !=ERROR; v=MUDGNextVertex (g, v))
        if (visited[v]==FALSE)
            MUDGbfs(g, v,visited);          /* 对于 v 的每一个未访问邻接点递归访问 */
}
```

⑨ 连通图的深度优先遍历。

```
void MUDGdfs(GraphMatrix * g, DataType v,int visited[])     /* 深度优先遍历 */
{
```

```
    DataType v1;
    visited[v]=TRUE;                              /* 置访问标志 */
    printf("%d ",v);
    for (v1=MUDGFirstAdjacent(g, v); v1 !=ERROR; v1=MUDGNextAdjacent(g,v, v1))
        if(visited[v1]==FALSE) MUDGdfs(g,v1,visited);
     /* 递归访问未访问邻接点 */
}
```

⑩ 非连通图的深度优先遍历。

```
void MUDGdft(GraphMatrix * g,int visited[])     /* 非连通图的深度优先遍历 */
{
    DataType v;
    for (v=MUDGFirstVertex (g); v !=ERROR; v=MUDGNextVertex (g,v))
        if (visited[v]==FALSE) MUDGdfs(g, v,visited);
                                                  /* 递归访问未访问顶点 */
}
```

⑪ 主函数。

主函数存放于 81maingraphmatrix.c 文件中，具体代码如下：

```
#include "consts.h"
#define MAXNAME 20                                /* 顶点信息最大长度 */
#define MAXVEX 30                                 /* 顶点个数最大值 */
#define MAXNUM 30                                 /* 队列中最大元素个数 */
typedef int DataType;                             /* 队列元素类型 */
typedef char VexType[MAXNAME];                    /* 顶点信息 */
typedef float AdjType;                            /* 权值 */
#include "sequeue.h"
#include "sequeue.c"
#include "graphmatrix.h"
#include "graphmatrix.c"
int main(int argc, char * argv[])
{
    int i=0;
    int res;
    GraphMatrix g;
    GraphMatrix * pg=&g;
    int visited[MAXVEX];                          /* 遍历标志数组 */
    for(;i<MAXVEX;i++)
        visited[i]=FALSE;
    printf("\n 创建无向网的邻接矩阵,并对其进行遍历!\n");
    MUDGCreate(pg);
    res=MUDGFirstVertex(pg);
    res=MUDGFirstAdjacent(pg,0);
    res=MUDGNextVertex(pg,0);
```

```
    res=MUDGNextAdjacent(pg,0,1);
    printf("\n遍历结果为:\n");
    MUDGdft(pg,visited);                          /*深度优先遍历*/
    return 0;
}
```

2. 邻接表

图的邻接表存储结构及基本操作与邻接矩阵类似，不做赘述。

(1) 邻接表的C语言描述如下(存放于graphlist.h文件中)：

```
typedef struct EdgeNode                           /*图的边结构定义*/
{
    int endvex;                                   /*相邻顶点字段*/
    AdjType weight;                               /*边的权,非带权图可以省略*/
    struct EdgeNode * nextedge;                   /*链字段*/
}EdgeNode;                                        /*边表中的结点*/
typedef struct                                    /*图的顶点结构定义*/
{
    VexType vertex;                               /*顶点信息*/
    EdgeNode * edgelist;                          /*边表头指针*/
}VexNode;                                         /*顶点表中的结点*/
typedef struct                                    /*图的数据结构定义*/
{
    int vexNum;                                   /*图的顶点个数*/
    int edgeNum;                                  /*图的边的条数*/
    VexNode vexs[MAXVEX];
} GraphList;                                      /*图的邻接表存储结构*/
```

(2) 基本运算的算法如下(存放于graphlist.c文件中)：

① 建立无向网的邻接表。

```
void LUDGCreate(GraphList * g)                    /*创建无向网邻接表*/
{
    int i,j,k;
    EdgeNode * s;
    float w;                                      /*权值*/
    printf("\n请输入无向网的顶点的个数(不超过%d个)\n",MAXVEX);
    scanf("%d",&g->vexNum);
    printf("\n请输入网中各个顶点的数据信息(如v1)!\n");
    getchar();                                    /*去掉回车符*/
    for(i=0;i<g->vexNum;i++)                      /*初始化*/
    {
        gets(g->vexs[i].vertex);
        g->vexs[i].edgelist=NULL;
```

```
    }
    printf("\n请输入该网中边的数目(不超过%d条)\n",g->vexNum*(g->vexNum-1)/2);
    scanf("%d",&g->edgeNum);                              /*读入边的数目*/
    for(k=0;k<g->edgeNum;k++)
    {
        printf("\n请输入第%d条边的相关信息(起始顶点(序号从0开始)
                  终止顶点 权值,如 0 3 10.5)\n",k+1);
        scanf("%d%d%f",&i,&j,&w);                         /*读入边的起止点及权值*/
        s=(EdgeNode*)malloc(sizeof(EdgeNode));            /*生成边结点*/
        s->endvex=j;
        s->nextedge=g->vexs[i].edgelist;
        s->weight=w;
        g->vexs[i].edgelist=s;
        s=(EdgeNode*)malloc(sizeof(EdgeNode));            /*无向网,边对称*/
        s->endvex=i;
        s->nextedge=g->vexs[j].edgelist;
        s->weight=w;
        g->vexs[j].edgelist=s;
    }
}
```

② 若g中存在顶点u,则返回该顶点在图中位置,否则返回-1。

```
int LUDGLocateVex(GraphList*g, VexType u)
{       /*若g中存在顶点u,则返回该顶点在图中位置;否则返回ERROR*/
    int i;
    for(i=0;i<g->vexNum;++i)
        if(strcmp(u,g->vexs[i].vertex)==0)
            return i;
    return ERROR;
}
```

③ 求图的第一个顶点。

```
int LUDGFirstVertex(GraphList*pgraph)                     /*查找图的第一个顶点*/
{
    return pgraph->vexNum==0 ?ERROR: 0;
}
```

④ 求图中相对于顶点i的下一个顶点。

```
int LUDGNextVertex(GraphList*pgraph,int i)      /*查找相对于顶点i的下一个顶点*/
{
    return i==pgraph->vexNum-1 ?ERROR: i+1;
}
```

⑤ 求图中与顶点 i 邻接的第一个顶点。

```
int LUDGFirstAdjacent(GraphList * pgraph, int i)  /* 查找顶点 i 的第一个邻接顶点 */
{
    if (pgraph->vexs[i].edgelist !=NULL)
        return pgraph->vexs[i].edgelist->endvex;
    else
        return ERROR;
}
```

⑥ 求图中顶点 i 相对于顶点 j 的下一个邻接顶点。

```
int LUDGNextAdjacent(GraphList * pgraph, int i, int j)
{   /* 图中顶点 i 相对于顶点 j 的下一个邻接顶点 */
    EdgeNode * p;
    for (p=pgraph->vexs[i].edgelist; p !=NULL; p=p->nextedge)
        if (p->endvex==j)
        {
            if (p->nextedge !=NULL)
                return p->nextedge->endvex;
            else
                return ERROR;
        }
    return ERROR;
}
```

⑦ 连通图的广度优先遍历。

```
void LUDGbfs(GraphList * g, DataType v,int visited[])
{   /* visited 数组变量,用于标记访问过的顶点 */
    DataType v1, v2;
    SeqQueue * q=SQueueCreate();                /* 队列元素的类型为 DataType */
    SQueueEnQueue(q,v);                         /* 初始顶点入队 */
    printf("%d",v);
    visited[v]=TRUE;                            /* 置访问标志 */
    while (!SQueueIsEmpty(q))                   /* 队列不空情况下循环 */
    {
        SQueueDeQueue(q,&v1);                   /* 队头元素出队 */
        v2=LUDGFirstAdjacent (g,v1);            /* 找到 v1 的第一个邻接顶点 */
        while (v2 !=ERROR)                      /* 当 v1 的邻接顶点存在 */
        {
            if (visited[v2]==FALSE)         /* 未访问过,则置访问标志,同时入队 */
            {
                SQueueEnQueue(q, v2);
                visited[v2]=TRUE;
                printf("%d ",v2);
            }
```

```
            v2=LUDGNextAdjacent (g, v1, v2);      /* 再取下一个邻接顶点 */
        }
    }
}
```

⑧ 非连通图的广度优先遍历。

```
void LUDGbft(GraphList * g,int visited[])    /* 非连通图的邻接表存储广度优先遍历 */
{
    DataType v;
    for (v=LUDGFirstVertex (g); v!=ERROR; v=LUDGNextVertex (g,v))
        if (visited[v]==FALSE) LUDGbfs (g, v,visited);
                                                   /* 递归遍历未访问顶点 */
}
```

⑨ 连通图的深度优先遍历。

```
void LUDGdfs(GraphList * g, DataType v,int visited[])      /* 深度优先遍历 */
{
    EdgeNode * p;
    printf("%d",v);                              /* 输出顶点信息,置访问标志 */
    visited[v]=TRUE;
    p=g->vexs[v].edgelist;                       /* 取出邻接顶点链表头 */
    while(p!=NULL)                               /* 邻接顶点存在 */
    {
        if(!visited[p->endvex])                  /* 未访问过,则递归访问 */
            LUDGdfs(g,p->endvex,visited);
        p=p->nextedge;                           /* 取下一邻接顶点 */
    }
}
```

⑩ 非连通图的深度优先遍历。

```
void LUDGdft(GraphList * g,int visited[])
                                         /* 非连通图的邻接表表示深度优先遍历 */
{
    DataType v;
    for (v=0; v<g->vexNum; v++)          /* 对图中每一个未访问过的顶点,递归遍历 */
        if (visited[v]==FALSE)
            LUDGdfs (g, v,visited);
}
```

⑪ 主函数。
存放于 81maingraphlist.c 文件中。

```
#include "consts.h"
#define MAXNUM 30                        /* 队列元素最大值为 30 */
#define MAXVEX 30                        /* 邻接表中顶点个数最大值 */
```

```
#define MAXNAME 20                          /* 邻接表中顶点名称最大值 */
typedef int DataType;                       /* 队列元素类型为整型 */
#include "sequeue.h"
#include "sequeue.c"
typedef char VexType[MAXNAME];              /* 顶点的信息域 */
typedef float AdjType;                      /* 边的信息,一般为权值 */
#include "graphlist.h"
#include "graphlist.c"
int main(int argc, char* argv[])
{
    int i=0;
    int res;
    GraphList g;
    GraphList* pg=&g;
    int visited[MAXVEX];                    /* 遍历标志数组 */
    for(;i<MAXVEX;i++)
        visited[i]=FALSE;
    printf("\n创建无向网的邻接表,并对其进行遍历!\n");
    LUDGCreate(pg);
    res=LUDGFirstVertex(pg);
    res=LUDGFirstAdjacent(pg,0);
    res=LUDGNextVertex(pg,0);
    res=LUDGNextAdjacent(pg,0,1);
    printf("\n遍历结果为:\n");
    LUDGdft(pg,visited);
    return 0;
}
```

8.2 地铁建设问题

1. 问题描述

某城市要在其各个辖区之间修建地铁来加快经济发展,但由于建设地铁的费用昂贵,因此需要合理安排地铁的建设路线,使乘客可以沿地铁到达各个辖区,并使总的建设费用最小。

2. 设计要求

(1) 从包含各辖区的地图文件中读入辖区名称和各辖区间的直接距离。

(2) 根据读入的各辖区的距离信息,计算出应该建设哪些辖区间的地铁路线。

(3) 输出应该建设的地铁路线及所需建设的总里程信息。

3. 数据结构

本课程设计使用的数据结构是无向图,无向图采用邻接矩阵作为存储结构。

4. 分析与实现

根据问题的描述，需要求无向图的最小生成树，下面利用普里姆算法实现。

(1) 在计算的过程中除要读取和保存各顶点的名称(用字符数组表示，设其最大长度不超过 20)外，还要读入连接各顶点的边的权值(浮点型)。故定义常量，顶点名称及权值数据类型如下：

```
#include "consts.h"
#define MAXVEX 30
#define MAXNAME 20                              /* 顶点信息长度最大值 */
#define MAX 32767                               /* 若顶点间无路径，则以此最大值表示不通 */
typedef char VexType[MAXNAME];                  /* 顶点信息 */
typedef float AdjType;                          /* 两顶点间的权值信息 */
```

(2) 为表示连接两个顶点的边的信息，添加边的数据结构 Edge，以记录边的起始点和终止点及权值。具体代码如下：

```
typedef struct                                  /* 边结构体 */
{
    int start_vex, stop_vex;                    /* 边的起点和终点 */
    AdjType weight;                             /* 边的权 */
}Edge;
```

(3) 同时应修改图的邻接矩阵的数据结构，在无向图邻接矩阵存储结构的基础上，添加表示图中顶点数的整型变量 vexNum 和边数的整型变量 edgeNum，及表示生成树各边的边结构体数组 mst。具体代码如下：

```
typedef struct                                  /* 图结构 */
{
    int vexNum;                                 /* 图的顶点个数 */
    int edgeNum;                                /* 图中边的数目 */
    Edge mst[MAXVEX-1];                 /* 用于保存最小生成树的边数组，只用到顶点数-1 条 */
    VexType vexs[MAXVEX];                       /* 顶点信息 */
    AdjType arcs[MAXVEX][MAXVEX];               /* 边的邻接矩阵 */
} GraphMatrix;
```

(4) 在初始化图的过程中，要根据读入的顶点名称查找该顶点在图中的序号，故定义查找顶点函数 LocateVex。具体代码如下：

```
int LocateVex(GraphMatrix * g, VexType u)               /* 返回 u 在图中位置 */
{
    int i;
    for(i=0;i<g->vexNum;++i)
        if(strcmp(u,g->vexs[i])==0)
            return i;
    return ERROR;
}
```

(5) 在初始化图时从地图文件(minumtree.txt)中读入图的顶点数和边数,接下来读入顶点信息,然后依次读入地图中各对顶点及其距离(在此过程中要根据顶点信息搜索该顶点是否在图的顶点集中)。具体代码如下:

```
void GraphInit(GraphMatrix * g)                 /* 用包含图的信息的文件初始化图 */
{
    int i,j,t;
    float w;                                    /* 边的权值 */
    VexType va,vb;                  /* 用于定位图的顶点(字符串)在邻接矩阵中的下标 */
    FILE * fp;
    fp=fopen("spaningtree.txt","r");
    fscanf(fp,"%d",&g->vexNum);                 /* 读入图的顶点数和边数 */
    fscanf(fp,"%d",&g->edgeNum);
    for(i=0;i<g->vexNum;i++)                    /* 初始化邻接矩阵 */
        for(j=0;j<=i;j++)
            g->arcs[i][j]=g->arcs[j][i]=MAX;
    for(i=0;i<g->vexNum;i++)                    /* 从文件读入顶点信息 */
        fscanf(fp,"%s",g->vexs[i]);
    for(t=0;t<g->edgeNum;t++)                   /* 定位各边并赋权值 */
    {
        fscanf(fp,"%s%s%f",va,vb,&w);
        i=LocateVex(g,va);
        j=LocateVex(g,vb);
        g->arcs[i][j]=g->arcs[j][i]=w;
    }
    fclose(fp);
}
```

(6) 接下来利用普里姆算法根据读入的信息求出该无向图的最小生成树,并将生成树各边的信息保存在边结构体数组 mst 中。具体代码如下:

```
void Prim(GraphMatrix * pgraph)        /* 用邻接矩阵求图的最小生成树——普里姆算法 */
{
    int i, j, min;
    int vx, vy;                                 /* 起始,终止点 */
    float weight, minweight;
    Edge edge;                                  /* 用于交换边 */
    for (i=0; i<pgraph->vexNum-1; i++)          /* 初始化最小生成树边的信息 */
    {
        pgraph->mst[i].start_vex=0;             /* 起始点为 0 号顶点 */
        pgraph->mst[i].stop_vex=i+1;            /* 终止点为其他各顶点 */
        pgraph->mst[i].weight=pgraph->arcs[0][i+1];      /* 无路径,则为 MAX */
    }
```

```
    for (i=0; i<pgraph->vexNum-1; i++)              /* 共 n-1 条边 */
    {
        minweight=MAX; min=i;
        for (j=i; j<pgraph->vexNum-1; j++)          /* 从所有边中选出最短的边 */
            if(pgraph->mst[j].weight<minweight)
            {
                minweight=pgraph->mst[j].weight;
                min=j;
            }                       /* mst[min]是最短的边,将 mst[min]加入最小生成树 */
        edge=pgraph->mst[min];
        pgraph->mst[min]=pgraph->mst[i];
        pgraph->mst[i]=edge;
        vx=pgraph->mst[i].stop_vex;         /* vx 为刚加入最小生成树的顶点的下标 */
        for(j=i+1; j<pgraph->vexNum-1; j++)       /* 调整 mst[i+1]到 mst[n-1] */
        {
            vy=pgraph->mst[j].stop_vex;
            weight=pgraph->arcs[vx][vy];
            if (weight<pgraph->mst[j].weight)
            {
                pgraph->mst[j].weight=weight;
                pgraph->mst[j].start_vex=vx;
            }
        }
    }
}
```

(7) 在 main 函数中根据计算出的生成树的边信息,输出应该建设的地铁路线和总里程。具体代码如下:

```
int main(int argc, char * argv[])
{
    int i;
    float totallen=0;
    GraphMatrix graph;
    GraphInit(&graph);                          /* 用图信息文件初始化图 */
    Prim(&graph);                               /* 用普里姆算法求出该图的最小生成树 */
    printf("\n 应建设以下地铁路线!!\n\n");
    for (i=0; i<graph.vexNum-1; i++)        /* 打印生成树信息 */
    {
        printf(" %s<->%s 段,%.2f 公里)\n", graph.vexs[graph.mst[i].start_vex],
            graph.vexs[graph.mst[i].stop_vex], graph.mst[i].weight);
        totallen+=graph.mst[i].weight;
    }
```

```
    printf("\n 总路线长%f 公里\n",totallen);
    return 0;
}
```

注意：本课程设计的详细代码存放于光盘 82spaningtree.c 文件中。

5. 运行与测试

下面以北京市的一些辖区为测试用例，地图文件如图 8-1 所示(辖区名称后的数字为该辖区名称在图中的序号)，算法运行后的输出结果如图 8-2 所示。

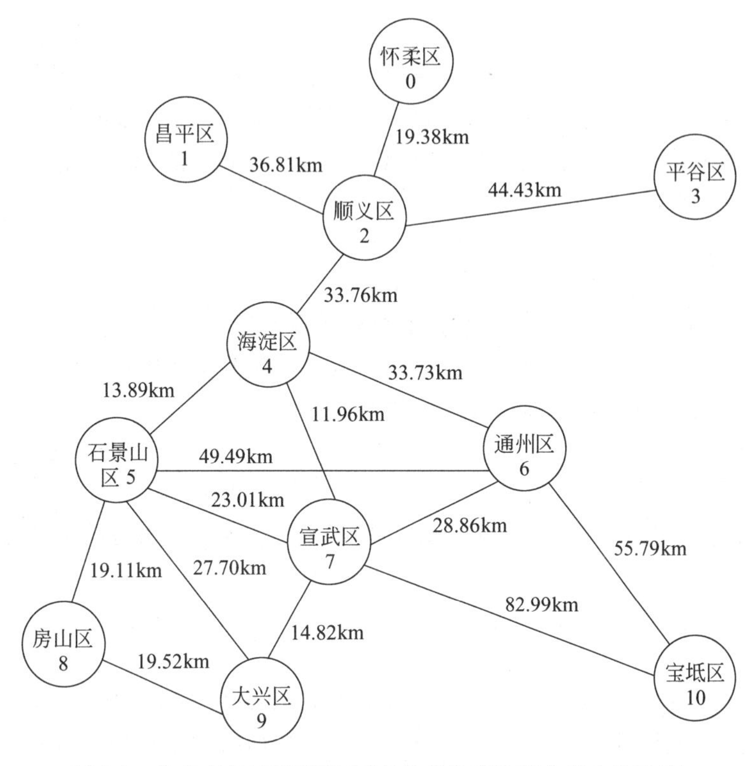

图 8-1 北京市各区距离图(区名后的数字为其在图中的序号)

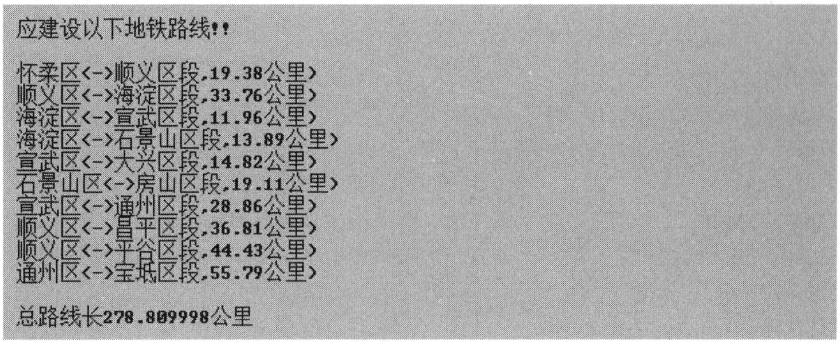

```
应建设以下地铁路线!!

怀柔区<->顺义区段,19.38公里>
顺义区<->海淀区段,33.76公里>
海淀区<->宣武区段,11.96公里>
海淀区<->石景山区段,13.89公里>
宣武区<->大兴区段,14.82公里>
石景山区<->房山区段,19.11公里>
宣武区<->通州区段,28.86公里>
顺义区<->昌平区段,36.81公里>
顺义区<->平谷区段,44.43公里>
通州区<->宝坻区段,55.79公里>

总路线长278.809998公里
```

图 8-2 地铁建设输出路线

6. 总结与思考

地铁建设问题是图的生成树的一个比较典型的应用。读者应该在充分理解普里姆算法的基础上，利用克鲁斯卡尔算法实现上述功能。另外，读者也可以考虑在建设地铁路线的基础上实现建设全国航空线的建设问题。

8.3 安排教学计划

1. 问题描述

学校每个学期开设的课程是有先后顺序的，如计算机专业：开设《数据结构》课程之前，必须先开设《C语言程序设计》和《离散数学》课程，这种课程开设的先后顺序关系称为先行、后继课程关系。现在需要根据给定的课程信息及课程之间的先行、后继关系，合理安排出开设各门课程的先后顺序。

2. 设计要求

(1) 对输入的课程先行、后继关系如果存在回路关系时应提示现错误。

(2) 根据读入的课程信息及其先行、后继关系，计算出安排教学计划的序列。

(3) 输出教学计划的安排顺序或给出错误提示信息。

3. 数据结构

本课程设计使用的数据结构是有向图和栈。采用邻接表作为有向图的存储结构来实现，栈选用顺序栈。

4. 分析与实现

(1) 对有向图进行拓扑排序时要利用栈来保存入度为0的顶点序号，故需设置栈元素类型为整型，并设栈的最大容量为30，还需引入包含栈的数据结构及其基本操作的相关文件。具体代码如下：

```
#include "consts.h"
typedef int DataType;
#define MAXNUM 30                          /* 顺序栈元素个数最大值 */
#include "seqstack.h"
#include "seqstack.c"
#define MAXVEX 30                          /* 图中顶点个数最大值 */
#define MAXNAME 20                         /* 图中顶点名称最大值 */
#include "sequeue.h"                       /* 图的基本操作中遍历函数使用这两个文件 */
#include "sequeue.c"
typedef char VexType[MAXNAME];             /* 顶点信息 */
typedef float AdjType;                     /* 权值 */
#include "graphlist.h"
```

```
#include "graphlist.c"
```

(2) 然后，要从包含课程名称及课程先行后继关系的文件(topologysort.txt，指出课程名称和先行后继关系)中对课程有向图进行初始化。具体代码如下：

```
void LDGCreate(GraphList * g)                 /* 建立有向图的邻接表 */
{
    int i,j,t;
    VexType va,vb;
    EdgeNode * s;
    FILE * fp;
    fp=fopen("topologysort.txt","r");
    fscanf(fp,"%d",&g->vexNum);               /* 读入课程门数和先行后继关系数 */
    fscanf(fp,"%d",&g->edgeNum);
    for(i=0;i<g->vexNum;i++)
    {
        fscanf(fp,"%s",g->vexs[i].vertex);
        g->vexs[i].edgelist=NULL;
    }
    for(t=0;t<g->edgeNum;t++)                 /* 读入各门课程的先行后继关系边 */
    {
        fscanf(fp,"%s%s",va,vb);
        s=(EdgeNode * )malloc(sizeof(EdgeNode));
        i=LUDGLocateVex(g,va);
        j=LUDGLocateVex(g,vb);
        s->endvex=j;
        s->nextedge=g->vexs[i].edgelist;
        g->vexs[i].edgelist=s;
    }
    fclose(fp);
}
```

(3) 初始化图后需要求出图中各个顶点的入度数，并将结果保存到整型数组 inDegree 中，为拓扑排序做准备。具体代码如下：

```
void FindInDegree(GraphList g,int inDegree[])
{   /* 求出图的各个顶点的入度,结果保存到数组中 */
    int i;
    EdgeNode * p;
    for(i=0;i<g.vexNum;i++)                   /* 初始化 */
        inDegree[i]=0;
    for(i=0;i<g.vexNum;i++)
    {
        p=g.vexs[i].edgelist;
        /* 取出第 i 个顶点,将由该顶点所发出的弧所对应的弧尾结点的入度加 1 */
        while(p)
```

```
            {
                inDegree[p->endvex]++;
                p=p->nextedge;                    /* 取下一个以该顶点为弧尾的边 */
            }
        }
    }
```

(4) 在拓扑排序过程中,首先将入度为0的顶点入栈;接下来,在栈不空的情况下将栈顶点元素出栈,然后将以该顶点为弧尾的边所指向的顶点的入度分别减1,再将入度为0的顶点入栈,直到栈空为止。函数的形式参数res(整型数组)用来保存在拓扑排序过程中出栈的各顶点序号,排序后利用res数组保存的信息即可输出排序后各门课程的名称。具体代码如下:

```
int TopologicalSort(GraphList g,int * res)
{
    int i,k,count=0;
    int inDegree[MAXVEX];                       /* 保存各顶点入度的数组 */
    SeqStack s;                                 /* 顺序栈保存各入度为 0 的顶点序号 */
    EdgeNode * p;
    FindInDegree(g,inDegree);                   /* 拓扑排序前求出各顶点的入度信息 */
    SStackSetNull(&s);
    for(i=0;i<g.vexNum;i++)                     /* 先将入度为 0 的顶点入栈 */
        if(!inDegree[i])
            SStackPush(&s,i);
    while(!SStackIsEmpty(&s))                   /* 栈不空时,进行拓扑排序 */
    {
        SStackPop(&s,&i);               /* 栈顶元素出栈,该出栈序列即为拓扑排序的序列 */
        * res++=i;                              /* 保存出栈顶点的序号 */
        count++;                                /* 出栈顶点个数加 1 */
        for(p=g.vexs[i].edgelist;p;p=p->nextedge)   /* 对以该顶点为弧尾的边的弧
                                                       头顶点入度减 1 */
        {
            k=p->endvex;
            if(!(--inDegree[k]))                /* 若处理后顶点入度为 0,则入栈 */
                SStackPush(&s,k);
        }
    }
    if(count<g.vexNum)                          /* 有回路 */
        return ERROR;
    else
        return OK;
}
```

(5) main函数中调用TopologicalSort函数对各门课程及其先行后继关系构成的图进行拓扑排序,并将拓扑排序的结果序列保存在整型实参数组res中,利用数组res输出拓扑排序后的各门课程的信息。具体代码如下：

```
int main(int argc, char * argv[])
{
    int i,res[MAXVEX];                          /* 用于保存拓扑排序顶点序列的数组 */
    GraphList g;
    GraphList * pg=&g;
    LDGCreate(pg);
    for(i=0;i<MAXVEX;i++) res[i]=-1;
    if(TopologicalSort(g,res))
    {
        printf("\n 可以按以下顺序安排课程!\n");
        printf(" ");
        for(i=0;i<g.vexNum-1;i++)
        {
            if(i%5==0)
            {
                printf("\n");
                printf(" ");
            }
            printf("%s->",g.vexs[res[i]].vertex);        /* 输出顶点信息 */
        }
        printf("%s\n",g.vexs[res[i]].vertex);
    }
    else
        printf("\n 您输入的课程先行后继关系有错误(存在环)!!\n");
    return 0;
}
```

注意：本课程设计的详细代码存放于光盘 83topologysort.c 文件中。

5. 运行与测试

测试用例以计算机专业课的先行后继关系图为例，其关系如图 8-3 所示，程序运行输出结果如图 8-4 所示。

6. 总结与思考

本课程设计采用在邻接表存储结构的基础上，利用广度优先遍历思想，结合栈操作实现对图的拓扑排序。请读者考虑如何利用邻接矩阵结合队列操作来实现？当初始图中有多个入度为 0 的顶点时，能不能给出更好的输出结果？

计算机是一门新兴学科，知识更新非常快，这就要求我们不要只学习知识，而要掌握学习新知识的能力，更要具有创造新知识的能力。

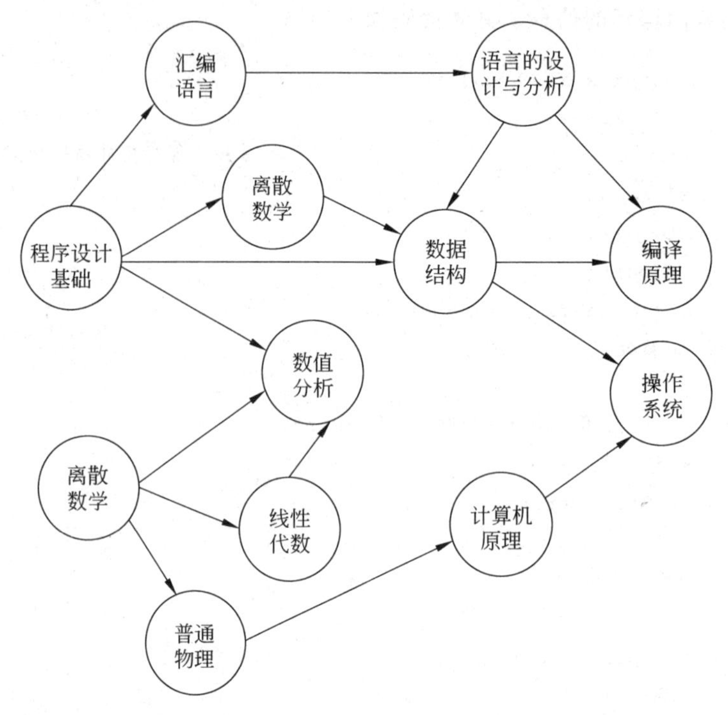

图 8-3　某校计算机专业课程安排先行后继关系图

```
可以按以下顺序安排课程！

高等数学->线性代数->普通物理->计算机原理->程序设计基础->
离散数学->数据结构->操作系统->汇编语言->语言的设计与分析->
编译原理->数值分析
```

图 8-4　计算专业课教学计划安排

8.4　校园导航

1. 问题描述

当我们参观某校园时，就会遇到这样一个问题：从当前所处的位置出发去校园另外某个位置，要走什么样的路线距离最近(或最省时)？本课程设计实例在给出校园各主要建筑的名称信息及有路线连通的建筑之间的距离(或行进时间)的基础上，利用校园导航系统计算出给定的起点到终点之间距离最近(或行进时间最短)的行进路线。

2. 设计要求

(1) 从地图文件中读取校园主要建筑信息及建筑间的距离(或行进时间)信息。

(2) 计算出给定的起点到终点之间距离最近(或行进时间最短)的行进路线。

(3) 输出该路线(包含路过哪些建筑)及其总距离(或总行进时间)。

（4）若输入错误，则给出提示信息。

3. 数据结构

本课程设计使用的数据结构是有向网络，采用邻接矩阵作为有向网络的存储结构。

4. 分析与实现

根据问题的描述，需要求出有向网络中给定顶点偶对之间的最短路径，下面利用迪杰斯特拉算法来求解实现。

（1）同前面两个实例相似，首先需要定义有向网络的顶点名称为字符数组，边的权值为整型。具体代码如下：

```
#include "consts.h"
#define MAXVEX 30
#define MAXNAME 20
typedef char VexType[MAXNAME];
typedef int AdjType;
```

（2）在有向网络邻接矩阵数据结构 GraphMatrix 的基础上，还需定义保存最短路径上结点的数据结构 ShortPath。具体代码如下：

```
typedef struct
{
    int n;                                      /* 顶点个数 */
    VexType vexs[MAXVEX];                       /* 顶点信息 */
    AdjType arcs[MAXVEX][MAXVEX];               /* 边信息 */
} GraphMatrix;
typedef struct
{
    AdjType len;                                /* 最短路径长度 */
    int pre;                                    /* 前一顶点 */
} ShortPath;
```

（3）当初始化时，需要根据读入的顶点名称查找该顶点在有向网络中的序号，定义查找顶点函数 LocateVex。具体代码如下：

```
int LocateVex(GraphMatrix * g, VexType u)      /* 在图 g 中查找顶点 u 的编号 */
{
    int i;
    for(i=0;i< g->n;++i)
        if(strcmp(u,g->vexs[i])==0)
            return i;
    return ERROR;
}
```

（4）初始化，从包含建筑及建筑之间距离信息的地图文件（campusnav.txt）中读取建筑数目，建筑间的距离(或行进时间)数据，建筑名称及有路径存在的建筑信息，形成图的邻接矩阵。建筑间的距离(或行进时间)信息相当于顶点之间边的权，构造有向网络。当两建筑间无直接路径时，用整型最大值代表正无穷。具体代码如下：

```
void Init(GraphMatrix * g)
{
    int i,j,k,w;
    int edgeNums;                                    /* 图中边的条数 */
    VexType va,vb;                                   /* 定位边的两个顶点 */
    FILE * graphlist;
    graphlist=fopen("campusnav.txt","r");  /* 打开数据文件,并以 graphlist 表示 */
    fscanf(graphlist,"%d",&g->n);                    /* 读入图的顶点个数 */
    fscanf(graphlist,"%d",&edgeNums);
    for(i=0;i<g->n;++i)                              /* 构造顶点向量 */
        fscanf(graphlist,"%s",g->vexs[i]);
    for(i=0;i<g->n;++i)                              /* 初始化邻接矩阵 */
        for(j=0;j<g->n;++j)
            g->arcs[i][j]=INT_MAX;               /* 有权值的网,无路径则置路径为无穷 */
    for(k=0;k<edgeNums;++k)
    {
        fscanf(graphlist,"%s%s%d",va,vb,&w);
        i=LocateVex(g,va);
        j=LocateVex(g,vb);
        if(i! =ERROR && j! =ERROR)                   /* 两个建筑在网中存在 */
            g->arcs[i][j]=w;                         /* 赋权值 */
        else
            printf("%s<->%s 读取错误,请您仔细检查!!",va,vb);
    }
    for(i=0;i<g->n;i++)                              /* 顶点到自身的权值为 0 */
        g->arcs[i][i]=0;
    fclose(graphlist);                               /* 关闭数据文件 */
}
```

(5) 利用迪杰斯特拉算法求解出给定顶点对之间的最短路径的过程中，首先要对求解到的顶点集 U 和待求解的顶点集 V-U 及最短路径结构数组进行初始化，然后在 V-U 顶点集中找到最短路径最短的顶点 u 将之并入顶点集 U 中，并从顶点集 V-U 中删除 u，接下来依次调整到顶点集 V-U 中每个顶点的当前最短路径值；直到 V=U 为止。具体代码如下：

```
void Dijkstra(GraphMatrix * pgraph, Path dist[],int start)
{
    int i, j, min;
    AdjType minw;
    dist[start].len=0;
```

```
    dist[start].pre=0;
    pgraph->arcs[start][start]=1;        /* 表示顶点 start 在集合 U 中 */
    for(i=0; i<pgraph->n; i++)           /* 初始化集合 V-U 中顶点的距离值 */
    {
        dist[i].len=pgraph->arcs[start][i];
                                    /* 初始距离为给定起始点到各顶点的边的权值 */
        if(dist[i].len!=INT_MAX)
                        /* 若边存在则顶点 i 的前趋顶点为 start,否则不存在置为-1 */
            dist[i].pre=start;
        else
            dist[i].pre=-1;
    }
    dist[start].pre =-1;                 /* 出发点的前趋置为-1 */
    for(i=0; i<pgraph->n; i++)
    {
        minw=INT_MAX;
        min=start;
        for(j=0; j<pgraph->n; j++)
            if((pgraph->arcs[j][j]==0) && (dist[j].len<minw))
                                         /* 在 V-U 中选出距离值最小顶点 */
            {
                minw=dist[j].len;
                min=j;
            }
        if(min==0)                       /* 没有路径可以通往集合 V-U 中的顶点 */
            break;
        pgraph->arcs[min][min]=1;  /* 集合 V-U 中路径最小的顶点为 min,置访问标志 */
        for(j=0; j<pgraph->n; j++)       /* 调整集合 V-U 中的顶点的最短路径 */
        {
            if(pgraph->arcs[j][j]==1)    /* 该顶点已经并入,不用再考虑 */
                continue;
            if(dist[j].len>dist[min].len+pgraph->arcs[min][j] && dist[min].
            len+pgraph->arcs[min][j]>0)
            {
                dist[j].len=dist[min].len+pgraph->arcs[min][j];
                dist[j].pre=min;
            }
        }
    }
}
```

(6) main 函数,先对有向网络进行初始化后,再调用迪杰斯特拉算法求出该有向网络中给定顶点间的最短路径,并将结果保存到最短路径数组中。找到路径上的各个顶点及顶点间的距离并输出。具体代码如下:

```
int main(int argc, char * argv[])
{
    GraphMatrix graph;
    Path path[MAXVEX];
    int tmp,cnt=0,pre=-1;
    int temppath[MAXVEX];
    int m,n;
    VexType va,vb;                          /* 待查询的两个地点 */
    long totallen=0;                        /* 总路径长度 */
    long curlen=0;                          /* 当前路径长度 */
    Init(&graph);
    printf("\n 请输入您要查询的起点和终点\n ");
    scanf("%s%s",va,vb);
    m=LocateVex(&graph,va);                 /* 查找网中的两个顶点 */
    n=LocateVex(&graph,vb);
    if(m!=ERROR && n!=ERROR)        /* 两个顶点都在网中,则找出二者间最短路径输出 */
    {
        Dijkstra(&graph, path,m);
        for(tmp=0;tmp<MAXVEX;tmp++)
                                    /* 求得路径上顶点是从终点推到起点,此处将之逆置 */
            temppath[tmp]=-1;
        pre=n;
        while(path[pre].pre!=-1)
        {
            temppath[cnt]=pre;              /* 保存逆序顶点序列 */
            pre=path[pre].pre;
            cnt++;
        }
        temppath[cnt]=m;
        if(cnt<=0)                          /* 没有路径 */
            if(m!=n)
                printf("%s->%s 无路可走\n!",graph.vexs[m],graph.vexs[n]);
            else
                printf("您输入的顶点重合!\n");
        else
        {
            tmp=cnt;
            printf("%s->",graph.vexs[temppath[tmp]]);
            for(;tmp>0;tmp--)
            {
                printf("%s(%d)->",graph.vexs[temppath[tmp-1]],
                    graph.arcs[temppath[tmp]][temppath[tmp-1]]);
                totallen+=graph.arcs[temppath[tmp]][temppath[tmp-1]];
            }
```

```
            printf("共:%d\n",totallen);
        }
    }
    else
        printf("(%s<->%s)中有不存在的建筑,请您仔细检查!!",va,vb);
    return 0;
}
```

注意:本课程设计的详细代码存放于光盘 84campusnav.c 文件中。

5. 运行与测试

本课程设计实例,采用图 8-5 所示的校园景点地图,输出结果如图 8-6 所示。

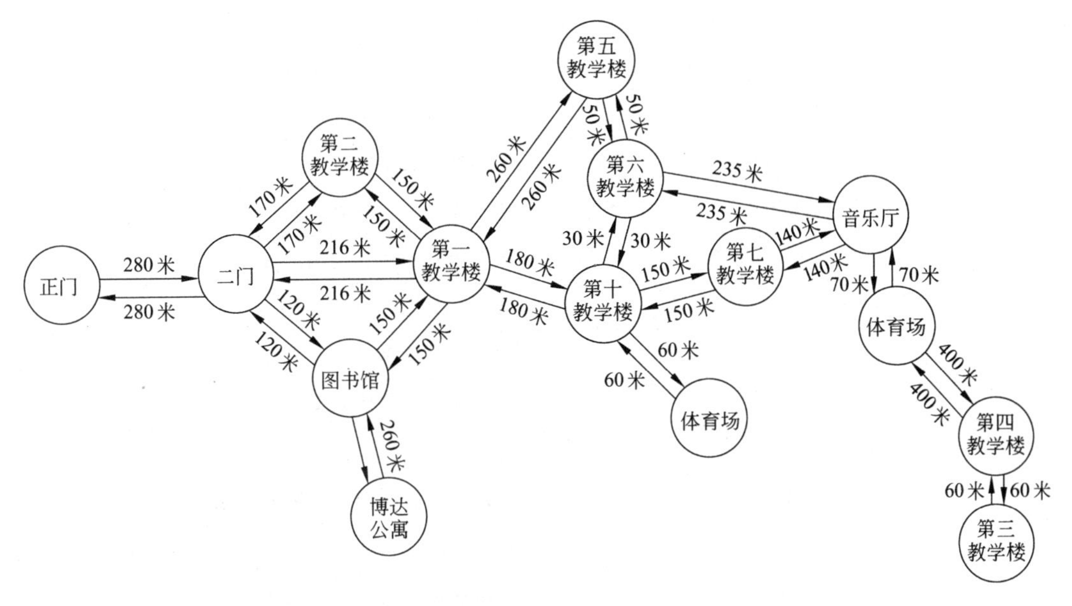

图 8-5　校园景点地图

```
请输入您要查询的起点和终点
正门 音乐厅
正门->二门<280>->一教<216>->十教<180>->七教<150>->音乐厅<140>->共:966
```

图 8-6　查询结果

6. 总结与思考

校园导航有一定的实用价值。读者可以在充分理解算法的基础上推算出算法执行过程中最短路径数组变化的过程;同时可将地图文件内容替换为自己学校的地图,给出读者所在学校的校园导航系统。

将解决特殊问题的算法推广为通用的解决一般问题的算法,不但能加深对算法本身的理解,而且更能为开发通用行业性软件打下坚实的基础。

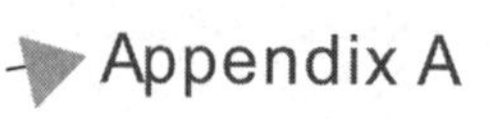

附录A 课程设计实例软件包

章 号	文 件 名	内 容 说 明
第1章	consts. h	包含必要的标准头文件和通用的常量定义
第2章	seqlist. h	顺序表定义头文件
	seqlist. c	顺序表基本运算算法源文件
	21mainseqlist. c	顺序表基本运算实例源文件
	linklist. h	单链表定义头文件
	linklist. c	单链表基本运算算法源文件
	21mainlinklist. c	单链表基本运算实例源文件
	22setoprate. c	集合的交、并运算实例源文件
	23stuscore. c	学生成绩管理实例源文件
	24differ. c	多项式求导实例源文件
	25josephus. c	约瑟夫环实例源文件
	26dbms. c	DBMS数据库管理实例源文件
第3章	seqstack. h	顺序栈定义头文件
	seqstack. c	顺序栈基本运算算法源文件
	31mainseqstack. c	顺序栈基本运算实例源文件
	linkstack. h	链式栈定义头文件
	linkstack. c	链式栈基本运算算法源文件
	31mainlinkstack. c	链式栈基本运算实例源文件
	32bracketmatch. c	括号匹配实例源文件
	33hanoi. c	汉诺塔实例源文件
	34expression. c	表达式转换与求值实例源文件
	35horsechess. c	马踏棋盘实例源文件
第4章	sequeue. h	循环队列定义头文件
	sequeue. c	循环队列基本运算算法源文件
	41mainsequeue. c	循环队列基本运算实例源文件

续表

章号	文件名	内容说明
第4章	linkqueue. h	链队列定义头文件
	linkqueue. c	链队列基本运算算法源文件
	41mainlinkqueue. c	链队列基本运算实例源文件
	42hospital. c	看病排队候诊实例源文件
	43dtob. c	数制转换实例源文件
	44parkingmanage. c	停车场管理实例源文件
	45radixsorting. c	基数排序实例源文件
第5章	seqstring. h	顺序串定义头文件
	seqstring. c	顺序串基本运算实现源文件
	51mainseqstring. c	顺序串基本运算实例源文件
	linkstring. h	链串定义头文件
	52kmp. c	KMP 算法实例源文件
	53commonstring. c	最长公共子串实例源文件
	54largeinteger. c	大整数计算器实例源文件
第6章	smtriple. h	特殊矩阵三元组定义头文件
	smtriple. c	特殊矩阵三元组基本运算算法源文件
	61mainsmtriple. c	特殊矩阵三元组基本运算实例源文件
	smlist. h	特殊矩阵十字链表定义头文件
	smlist. c	特殊矩阵十字链表基本运算算法源文件
	61mainsmlist. c	特殊矩阵十字链表基本运算实例源文件
	generallist. h	广义表头尾链表存储结构定义头文件
	generallist. c	广义表基本运算算法源文件
	62magicsquare. c	魔方阵实例源文件
	63matrixaddtriple. c	稀疏矩阵加法(三元组表法)实例源文件
	63matrixaddcrosslist. c	稀疏矩阵加法(十字链表法)实例源文件
	64teachergraduate. c	本科生导师制实例源文件
第7章	bitree. h	二叉树定义头文件
	bitree. c	二叉树基本运算算法源文件
	71mainbitree. c	二叉树基本运算实例源文件
	72bithrtree. c	线索二叉树实例源文件
	73restoretree. c	由遍历确定二叉树实例源文件

续表

章　号	文　件　名	内容说明
第7章	74huffman. c	电文编码和译码实例源文件
	75familytree. c	家族关系查询系统实例源文件
第8章	graphmatrix. h	邻接矩阵定义头文件
	graphmatrix. c	邻接矩阵基本运算算法源文件
	81maingraphmatrix. c	邻接矩阵基本运算实例源文件
	graphlist. h	邻接表定义头文件
	graphlist. c	邻接表基本运算算法源文件
	81maingraphlist. c	邻接表基本运算实例源文件
	82spaningtree. c	地铁建设问题实例源文件
	83topologysort. c	安排教学计划实例源文件
	84campusnav. c	校园导航实例源文件
	spaningtree. txt	地铁建设问题实例输入文件
	topologysort. txt	安排教学计划实例输入文件
	campusnav. txt	校园导航实例输入文件

参考文献

[1] 管纪文,刘大有. 数据结构. 北京:高等教育出版社,1985.

[2] 谭浩强. C程序设计. 第3版. 北京:清华大学出版社,2005.

[3] 唐策善,李龙澍,黄刘生. 数据结构——用C语言描述. 北京:高等教育出版社,1995.

[4] 严蔚敏,吴伟民. 数据结构(C语言版). 北京:清华大学出版社,2006.

[5] 殷人昆,陶永雷,谢若阳. 数据结构(用面向对象方法与C++描述). 北京:清华大学出版社,2002.

[6] Savitch W. C++面向对象程序设计——基础、数据结构与编程思想. 第4版. 周靖译. 北京:清华大学出版社,2004.

[7] 陈良银,游洪跃,李旭伟. C语言程序设计(C99版). 北京:清华大学出版社,2006.

[8] 冼镜光. C语言名题精选百则技巧篇. 北京:机械工业出版社,2005.

[9] 李建学,李光元,吴春芳. 数据结构课程设计案例精编(用C/C++描述). 北京:清华大学出版社,2007.

[10] 陈媛,何波,蒋鹏. 数据结构学习指导·实验指导·课程设计. 北京:机械工业出版社,2008.

[11] 徐孝凯. 数据结构课程实验. 北京:清华大学出版社,2002.

[12] 王晓东. 计算机算法设计与分析. 第2版. 北京:电子工业出版社,2006.

[13] 李春葆. 数据结构(C语言篇)习题与解析. 北京:清华大学出版社,2000.

[14] 胡元义,邓亚玲,罗作民. 数据结构(C语言)实践教程. 西安:西安电子科技大学出版社,2002.

[15] 唐宁九,游洪跃,朱宏. 数据结构与算法(C++版)实验和课程设计教程. 北京:清华大学出版社,2008.

[16] Sahni S. 数据结构、算法与应用:C++语言描述. 汪诗林,孙晓东译. 北京:机械工业出版社,2000.

[17] Thomas H C,Charles E L. Ronald L,Rivest Clifford Stein. 算法导论. 潘金贵,顾铁成译. 北京:机械工业出版,2009.

[18] Kruse R L,Ryba J. Data Structures and Program Design in C++. 北京:高等教育出版社,2002.

[19] 刘振安,孙沈,刘燕君. C程序设计课程设计. 北京:机械工业出版社,2004.

[20] 耿国华. 数据结构——C语言描述. 北京:高等教育出版社,2005.

[21] 王红梅,胡明,王涛. 数据结构(C++版). 北京:清华大学出版社,2005.

计算机课程设计与综合实践规划教材

书　　名	书　　号
计算机系统综合课程设计　杨全胜 等	978-7-302-18558-1
SQL Server 2000 实验指导(第 2 版)　马晓梅	978-7-302-18280-1
汇编语言程序设计实验指导　蔡启先等	978-7-302-16850-8
Visual Basic 课程设计　张翼英等	978-7-302-16246-9
Visual FoxPro 课程设计　张翼英等	978-7-302-13960-7
Photoshop 图形图像设计与项目实践　廖琪男等	978-7-302-18426-3
Flash 动画设计与项目实践　廖琪男	978-7-302-18709-7